周金玉 ◎ 著

发现
不一样的
学习者

基于"学习故事"的幼儿行为观察与评价

上海教育出版社
SHANGHAI EDUCATIONAL
PUBLISHING HOUSE

参与研修行动的教师研修
共同体核心成员

周金玉	上海市宝山区教育学院	宝山区首席教研员
周珏红	上海市宝山区盘古幼儿园	宝山区学科带头人
蔡　奕	上海市宝山区永清新村幼儿园	宝山区学科带头人
陈月菲	上海市宝山区小海螺幼儿园	宝山区学科带头人
沈春兰	上海市宝山区杨泰三村幼儿园	宝山区学科带头人
林　琳	上海市宝山区淞南实验幼儿园	宝山区学科带头人
杨璐铭	上海市宝山区小天使幼儿园	宝山区教学能手
朱薇瑾	上海市宝山区扬波幼儿园	宝山区教学能手
黄玲玲	上海市宝山区彩虹幼儿园	宝山区教学能手
李　青	上海市宝山区马泾桥新村幼儿园	宝山区教学能手
汪　燕	上海市宝山区顾村中心幼儿园	宝山区教学能手
宋　蔚	上海市宝山区高境镇三花幼儿园	宝山区教学能手
刘芸芸	上海市宝山区刘行中心幼儿园	宝山区教学能手
韩　莉	上海市宝山区小鸽子幼稚园	宝山区教学能手
沈　珺	上海市宝山区小鸽子幼稚园	宝山区教学能手
陈丽丽	上海市宝山区四季万科幼儿园	宝山区教学能手
胡蓉花	上海市宝山区小精灵幼儿园	宝山区教学能手
潘贞霞	上海市宝山区保利叶都幼儿园	青年教师
刘珊雪霏	上海市宝山区青苹果幼儿园	青年教师
吕　莹	上海市宝山区沙浦路幼儿园	青年教师
杨燕萍	上海市宝山区四季花城幼儿园	青年教师

序

翻阅上海市宝山区教育学院周金玉老师送来的书稿,透过满满当当的文字,我真切感受到一位扎根幼教教研一线的资深教研员持续带领区域幼儿园教师,聚焦教育真问题、着力教师专业成长的辛勤耕耘之路,也欣喜地看到教师们在专业自觉和反思中的成长、感悟与收获。

一、他山之石:寻找助力教师专业成长的"充电宝"

在新时代追求教育高质量发展的大背景下,无论是理论研究还是实践改革,都已形成共识,即提升教师专业发展是确保教育高质量发展、助力儿童发展为本的课程质量提升的重要基础和保障。由此,探索教师专业发展与成长路径的研究也得到了积极回应和聚焦。2020 年 3 月,教育部发布了《幼儿园新入职教师规范化培训实施指南》,明确将"幼儿研究与支持"作为教师岗位的核心素养。对幼儿园教师来说,所谓"幼儿研究",就是对幼儿行为的观察与解读,这种观察与解读能力正是支持教师坚持"儿童视角"的教育初心,创设"儿童需要"的自主性学习环境的重要基础和保障。当然,它也是当前幼儿园教师专业成长的难点和关键所在。如何帮助教师走出专业成长的"迷茫区",助力教师提升专业素养呢? 周金玉老师团队的实践研究作出了积极回应。

"学习故事"是源于新西兰的一种表现性评价探索,它为世界范围内的学前教育实践改革带来了有益的经验分享。这种评价不同于标准化、菜单式的外部评价,它是教师对儿童学习与发展过程多侧面、立体化、动态性的记录和评价。它能帮助教师更好地发现儿童和儿童的学习，理解儿童的行为方式、思维过程和学习需要。教师在撰写"学习故事"的过程中，寻找到基于实践情境研读儿童、提升专业反思能力的"充电宝"，在实践运用中蓄力增能、精进专业。

二、本土行动：构建推进教师专业成长的研修路径

一线教师对"学习故事"并不陌生，但要在实践中真正用好该评价模式，却不是一蹴而就的。它需要专业学习、互动研磨的"讨论消化"，也需要实践参与、行动反思的"共研互助"，可谓"修—研—行"一体化。周金玉老师带领团队秉持这一指导原则，在四年的持续研究中，在为区域教师建构"参与—充权—赋能—自我发展"的研修共同体机制中，通过不同发展阶段的教师群体共同参与实践研修，形成了区域梯级带教模式，即"区域研修推进—园本研训跟进—教师个体实践"。在这一循环推进、多方联动的研修行动中，他们总结形成了"学做晒用"的共同体研修模式。在我看来，该研修成果既是对教师以"学习故事"为载体的幼儿观察评价能力提升的专业化提炼，也是对持续提升教师专业能力，增强教师专业自觉的回应。

三、专业反思：聚焦赋能教师专业成长的核心素养

美国学者波斯纳（Posner）曾提出教师成长的公式：教师发展＝经历＋反思。教师成长过程中与教育生活有关的经历和历程，通过反思，可以提炼归纳为经验，使教师获得专业上的发展。也就是说，教师专业发展既依赖于"行"，更依赖于"思"。

在周金玉老师团队撰写的实践成果中，无论是基于共同体研修实践所形成的"学做晒用"行动模式，还是帮助教师用好"学习故事"评价所构建的"五步循证"实践路径，身在其中的教师都是坚持问题导向的研究者、反思者。本书附录部分呈现了幼儿园教师基于一日生活各类活动撰写的"学习故事"，呈

现了教师参与"学习故事"研修项目后的成长故事。透过教师们的文字,我们可以发现教师的反思意识、反思习惯、反思能力正在形成:对"从儿童出发,基于儿童并为了儿童的教育初心"的反思,对创设"儿童视角"和"儿童意识"的支持环境的反思,对课程"基于幼儿自身的真实兴趣和经验"立场与行动并行的反思……从理念到行动,能够帮助更多的教师在坚持问题导向的研究意识和实践反思中走宽、走远、走好自己的专业发展之路。

黄瑾

华东师范大学

2022 年 10 月

前 言

对幼儿进行观察评价,是学前教育工作的重要内容,是衡量幼儿园教师专业能力和教育教学质量的有力工具。观察幼儿、分析幼儿、支持幼儿的能力决定了教师开展幼儿观察评价的有效性和真实性。我用 4 年多时间,与一线幼儿园教师一起,扎根幼儿活动现场,开展基于"学习故事"的幼儿观察评价的探索。在学习借鉴"学习故事"评价体系的基础上,我们一起着重探析教师如何运用"学习故事"的理念和方法,进行幼儿行为观察评价的本土化实践。我们共同在学习、思考、实践、分享、反思中成长。

一、教师对幼儿的观察评价普遍呈现"信念足、能力弱"的状况

幼儿观察评价能有效促进幼儿持续发展,教师们在解读幼儿时均能意识到观察评价的重要性,并以理论为依据,建构观察评价的科学意识、规范意识、课程意识和幼儿发展意识,但实践挫败的经历和体验影响了他们开展幼儿观察评价的信心和能力发展。

日常实践中,教师面临普遍的实践困境。一是,教师有观察意识,但普遍缺乏观察方法,往往不知道如何观察、捕捉幼儿的精彩瞬间。二是,教师难以从收集的信息中筛选出有价值的观察信息,并从中获取幼儿学习过程的有效信息。三是,教师在幼儿观察评价中表现出较强的主观性、武断性,缺少专业的信息分析能力。四是,教师很难持续跟进对幼儿的观察和评价,难以形成真正有助于幼儿学习发展的支持。

教师们渴望提升对幼儿观察评价的能力,不同类型的教师表现出普遍的

迫切性。教师需要切实掌握跟踪观察的方法，形成个人的观察技术和风格，提升对活动场景的有效观察能力；教师需要提升对幼儿进行观察识别、解读分析、回应支持的整体能力。

二、"学做晒用"为提升教师的幼儿观察评价能力构建了共同体研修模式

基于"学习故事"的幼儿观察评价研修行动，在"参与—充权—赋能—自我发展"中为教师建构有效的研修共同体。当然，研究需要有核心的领军人物，发挥引领和指导作用。以区域学前教育首席教研员为核心的研修共同体，带领不同专业水平的教师群体共同参与研修，形成区域梯级带教模式。研修共同体在"学做晒用"的循环机制中，以"专业学习、自我反思、同伴互助、专业引领"的研修模式，不断提升教师的专业自觉、专业能力和实践智慧。成员们向着共同的愿景和目标，建立相互合作、相互协商、共同进步的关系，在任务驱动、资源共享、对话沟通、情感交流、智慧唤醒中参与合作，获得成长。

"学做晒用"，"学"指学习，"做"指行动，"晒"指交流，"用"指迁移运用。这是教师们通过学习、行动、交流的螺旋式研修过程获取知识、经验和方法，并学以致用，转化为常态化实践工作能力的过程。"学做晒用"以"用"为核心，提升能力、服务实践。该研修模式推动幼儿园教师围绕"学习故事"和"幼儿观察评价"开展理论学习，获得理论知识和理念更新。幼儿园教师在"团队共进、自主行动、小组合作、深度研讨、讲练结合、思辨优化"中主动探索幼儿观察评价的研修路径，发展幼儿观察评价的能力。"学做晒用"研修模式，推动幼儿园教师重视幼儿观察评价实践后的交流、分享、反思与反馈，推动教师实现行动反思和深度思考。"学做晒用"过程中形成的对幼儿进行观察评价的经验、技术、工具、方法等，为教师改善园本研修，提升工作效能提供参照。

三、"五步循证"是基于"学习故事"的幼儿观察评价操作方法

"五步循证"可以成为教学实践中，教师开展幼儿观察评价时可操作、可

复制、真实有效的方法。"五步循证"是"学习故事"本土化实践的产物,是教师经由亲身经历和体会梳理提炼的一套做法。"五步循证"通过"进入活动现场、化解观察疑惑、科学循证解读、聚焦发展跟进、多元澄清认识"五个操作步骤循环推进,成为教师开展幼儿观察评价的抓手。它能有效解决教师面临的"对幼儿学习与发展轨迹认识不足""观察能力不足""分析评价水平不足"等核心问题,还能解决幼儿教育理论与实践之间的失谐、错位和脱节等问题。

四、基于"学习故事"的幼儿观察评价研修助推教师智慧增长

基于"学习故事"的幼儿观察评价研修,能有效提升当前教师的专业智慧。"学习故事"作为一种表现性评价模式,为幼儿园教师开展幼儿观察评价带来启示。基于"学习故事"的幼儿观察评价研修,提升了教师对幼儿日常行为的观察能力,有利于教师利用评价结果改善教学质量,促进教师对嵌入真实情境的幼儿观察评价的重视,真正认同在活动中分析幼儿学习发展的意义,为提升实践智慧积累有益经验。

我们在研究、探索与实践过程中收获了丰富的案例。我们将这些案例、经验与广大幼儿园教师分享,共同提升大家观察、识别、支持幼儿发展的能力,让大家更为科学地观察和理解幼儿的学习,关注幼儿学习品质的发展。

周念玉

2022 年 9 月

目录

第一章　问题缘起：幼儿园教师专业发展面临的问题

幼儿园教师的专业理念、专业知识和专业能力等，对幼儿园的教育质量和幼儿的全面发展具有极其重要的作用。2001年教育部颁布的《幼儿园教育指导纲要（试行）》中明确提出：在日常活动与教育教学过程中采用自然的方法进行幼儿观察评价，平时观察所获的具有典型意义的幼儿行为表现和所积累的各种作品等，是评价的重要依据。开展幼儿观察评价是幼儿教育工作者必不可少的专业技能，其中包括专业的幼儿发展知识、正确的幼儿行为观察与解读方法、有效的教育支持策略。幼儿园教师作为幼儿发展过程中的重要他人，对幼儿身心健康发展具有重要影响，教师所持的理念会影响其对幼儿的态度和与幼儿的相处方式，同时也会影响自身的专业发展。

第一节　幼儿园教师专业发展面临的现实诉求

幼儿观察评价非常重要，但实施幼儿观察评价绝非易事。具体表现为，幼儿教师的观察行为具有随机性；在辨认有效信息，选择观察场景、时间段、站位，以及记录内容的客观性和完整性等方面能力不足；运用相关理论知识解析幼儿行为方面的能力欠缺等。[1] 总体而言，广大幼儿教师在幼儿观察评价方面存在缺失，缺乏幼儿意识，缺乏观察方法，欠缺评价能力。[2] 可见，有针对性地观察幼

---

[1]　吴亚英.幼儿教师观察能力现状调查及问题分析 ——基于江苏省常州市的调查[J].中国教育学刊,2014(2): 93.

[2]　陈少熙.以"学习故事"为载体,促进教师观察评价幼儿能力的提升[J].课程教育研究,2015(35): 176.

儿,科学、准确地评价幼儿,基于观察评价有效支持幼儿健康成长,是现阶段幼教工作者专业发展的重点。在幼儿园的实践工作中,我们需要探寻一条真实有效的路径,帮助教师提升对幼儿的观察评价能力。

一、更新教育理念,回应幼儿学习与发展评价改革对教师的时代要求

《3—6 岁儿童学习与发展指南》要求教师"关注幼儿学习与发展的整体性""尊重幼儿发展的个体差异""理解幼儿的学习方式和特点""重视幼儿的学习品质"。教师应对幼儿一日活动中的各种行为表现进行观察与记录,并对这些行为进行分析、解释与评价,以了解幼儿的发展现状,提出有针对性的教育策略。基于"学习故事"的幼儿观察评价研修,秉持"每一个幼儿都是有能力的学习者"的理念,用讲故事的方式开展观察评价,推动教师更新理念,在日常活动与教育教学过程中,采用自然的方法对幼儿进行观察评价,促进每一个幼儿的全面健康成长。

二、探索合作研究,构建教师提升幼儿观察评价能力的研修路径

2012 年教育部颁发《幼儿园教师专业标准(试行)》,提出幼儿教师要具有团队合作精神,积极展开协作与交流,共同学习,不断反思进取……与同事合作交流,分享经验与资源,共同发展。[1] 未来幼儿教师专业发展应着力于努力创新幼儿教师学习方式,积极创建幼儿教师研修共同体。[2]基于"学习故事"的幼儿观察评价研修,是为幼儿教师创建的研修共同体,实现教师之间、教师与专家之间的合作对话,共同就幼儿观察评价的实践困惑展开讨论,学习了解前沿教育理念、教育思想和知识技能。基于"学习故事"的幼儿观察评价研修,是教师专业提升生态取向发展观在实践中进行的尝试。教师们通过平等的沟通和交流,学习积累同行独特的实践经验,获得大量关于幼儿观察评价的实践知识,发展核心素养,加快专业成长。因此,基于"学习故事"的幼儿观察评价研修,顺应新时代提高教师专业素质的现实需要,是提升教师观察评价能力的重要方式。

---

[1][2] 蔡迎旗,孟会君.基于扎根理论的幼儿教师学习共同体影响因素研究[J].教育研究与实验,2019(2): 46-52.

三、增长实践智慧，促进教师专业能力在观念和行为上的协同共进

幼儿教师的工作场景是与幼儿亲密接触的生活。教师需要面向幼儿学习与活动现场，有计划、持久地收集有意义的信息，找到每一个幼儿的"最近发展区"，确定他们学习与发展的合理期望。① 教师需要把相关科学认识转化为具体行动，支持幼儿参与对未知世界的理解和探索。观念和行动的协同共进，推动教师以理念为引领，以方法创新为驱动，以提升能力反哺实践为目的，不断增长实践智慧。基于"学习故事"的幼儿观察评价研修，能促进教师对幼儿观察评价的理念认知；引领教师在主动思考与实践探索中"建构学习者形象"；帮助教师深度理解幼儿学习发展规律，基于观察有效开展教学实践，为幼儿发展提供支持，实现观念和行动彼此互动共进而融入实践。② 教师在实践、学习、讨论、反思的循环中，更新观念，优化知识结构，重构实践行为，提升综合素养，增长实践智慧。

第二节　幼儿园教师专业发展的实践窘境

幼儿观察评价非常重要，但实施幼儿观察评价绝非易事。我曾多次与一线教师做过一个模拟观察体验，主题是"长颈鹿怎么了"，不同的教师在这个观察体验中的表现，每一次都出奇地相似。

一、模拟观察体验带来的现场反馈与思考

在观察体验中，呈现图 1-1，请教师说一说从这幅图上看到了什么。教师们基本会给出这些答案：长颈鹿在车上，卡车司机开着车把长颈鹿送到动物园或者野生动物园；长颈鹿不在车上，车子在长颈鹿的身边经过，长颈鹿

图 1-1

---

① 彭世华,路奇.幼儿园确立幼儿学习与发展"合理期望"的基本方法[J].学前教育研究,2013(12)：48-50.

② 黄培森.实践理性视域下教师教学能力发展：价值、向度与策略[J].现代教育管理,2021(10)：63-70.

在看风景；长颈鹿向着车前进的方向行走，与卡车前行的方向一致。

当追问教师作出这些判断的依据是什么时，教师们会说："是经验，卡车可以用来载动物，动物会被送去动物园。"另外，有的教师也会说："如果这里是野生动物园，那长颈鹿是在路边散步或看风景。这辆货车从长颈鹿身边经过，长颈鹿可能站在路边，也可能与车同行。"这样的判断也是基于野生动物园的参观经验得出的。

接着，呈现图1-2、图1-3，询问教师们现在看到了什么，发现了什么。教师们会说："长颈鹿不在车上，车子向前了，长颈鹿往后了，说明长颈鹿站在地上，车子从它身边经过。"我继续询问其他教师是否同意该观点，原先认为长颈鹿在车上的教师会说："惯性也会造成这样的状态，车子向前开，车上的长颈鹿因为惯性向后滑，所以长颈鹿还是可能在车上的。"认为长颈鹿在走路的教师则说："车开得快，长颈鹿走得慢，自然就落在车后面了。"

图1-2

图1-3

我请教师们继续往下看。

呈现了图1-4，我请教师们再说说自己的感受。

不出意外，现场哄堂大笑。教师们笑着说："出乎意料，万万没想到长颈鹿居然蹬着自行车。""哇，这是一个惊喜，一个意想不到的惊喜。""我们重新认识长颈鹿了。"

图1-4

显然，谁也没想到结果竟然如此戏剧性，教师们所有的过往经验都失效了。

借助这个模拟观察体验中的图片（图1-5），可以向教师们更好地说明：凭借经验进行主观判断,常常会带来错误的信息认知;持续呈现的事实过程,有助于了解现象背后的本质,以免自己被表面信息所蒙蔽。在幼儿园一日活动中,教师需要深入幼儿活动现场,在真实的情境中开展幼儿观察评价;在观察过程中不要轻易作出评判和干预;不能凭借片段的、零星的信息对幼儿的行为作出分析定论;更不应在观察过程中随意加入主观判断或猜想。

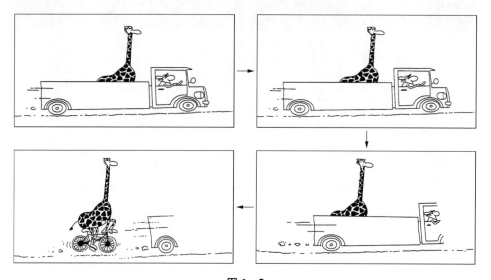

图 1-5

二、回归实践现场的观察评价能力的评估和分析

大班幼儿正在开展个别化学习活动,活动现场有四名幼儿选择了"我是中国人"主题下的个别化学习活动"为地图涂色"。

仔细观察这个过程(图 1-6),教师们一致认为,活动中那个穿条纹衫的男孩吸引了她们的注意。确实,在幼儿的日常活动中,有别于一般群体的独特行为或突发情况,常常会成为教师首先关注的焦点。

教师们都觉得这个男孩在该学习活动中不够专注、不够认真,相较于其他幼儿来说,学习的坚持性和注意的持久性均不够。显然,教师们已经在不自觉中给那个男孩贴上了"标签"。

我继续提问:"为什么你们会觉得男孩不够认真,不够专注?"

教师们答道:"男孩的注意力不够集中,在学习过程中讲话影响其他人,还转

图1-6　男孩怎么啦

头看向其他地方。"

　　我接着追问："那如果你是现场的带班老师，你会怎么做？"

　　教师们答道："会悄悄走到小男孩边上，轻轻提醒他注意游戏的时间，抓紧完成地图涂色；会建议男孩和其他小朋友比比，不要掉队；在和男孩提出建议的时候，会注意语气语调，会维护他的自尊和自信，以鼓励为主……"

　　我又抛出问题："教师的干预会让孩子感到满意吗？""他会觉得自己被老师理解或善待了吗？""老师的关心和支持有没有追随孩子的现实需要？""能解决孩子的问题吗？""会得到孩子的喜欢吗？""会拉紧师幼共情的纽带吗？"一连串的问题让现场的教师陷入了沉思……

　　事实上，男孩转头是在寻求老师的帮助。此时，当班教师正在远处活动区陪伴三名幼儿阅读绘本，根本没有注意到男孩的求助。男孩又轻声问同伴："接下去该涂哪里？""我们换下位置好不好？"

　　了解了事实过程后，教师们激动地说："对呀，座位安排有问题。"我接着再问："今天男孩的学习行为表现是自己的主观问题还是客观原因造成的？"教师们纷纷给出答案：今天学习区的客观学习条件阻碍了男孩持续学习的可能，并不是他的主观学习问题，他在尝试解决问题。男孩遇到学习困难，反映出的学习需求是清晰地观察地图样板，顺利完成自己的作品。

发现了问题所在，我会再问教师们："如果你是当班老师，知道了这个情况，应该怎么做？"

教师们提议，那就再拿一块地图样板给幼儿。但也有教师提出反对意见：如果有第二块地图样板，教师之前肯定就拿出来了。于是，又有教师提议，那就事后和孩子一起讨论，遇到这个问题该怎么办？

把问题抛给孩子，和孩子一起讨论，固然是一个师幼互动的方法，但不是所有的问题都适合事后解决，有些问题当下就需要解决，教师应该秉承"以幼儿发展为本""幼儿发展优先"的理念及时回应。我请大家仔细观察男孩的身后。"对呀，有一张空桌子。"教师们异口同声地说，"把那张桌子拼过来，所有的孩子都可以坐在地图样板对面进行观察和涂色。"

这个案例反映出，实践中教师们普遍对幼儿行为观察评价感到茫然。在对幼儿进行行为观察评价时，教师应关注"幼儿正在学什么"，尊重学习情境中的事实，耐心倾听，多感官参与幼儿行为观察评价，基于实时信息作出科学分析、专业解读。如果教师能仔细看、用心听，站在孩子的立场去理解他们的学习体会、活动需求、情绪体验、学习困难，才能避免作出错误的判断，给孩子贴上"冰冷的标签"。

对教师而言，观察评价幼儿的表现，还可以检验和反思自己是否为幼儿提供了充分的机会和适宜的支持，检核自己的回应和支持策略是否有效。

第二章　理性思辨：幼儿行为观察评价与教师专业发展

　　《3—6 岁儿童学习与发展指南》要求幼儿教师在日常实践中深入了解每一个幼儿的学习与发展状况，建立对每一个幼儿当前学习与发展的合理期望。[①]"学习故事"为教师提供了运用叙事性评价开展幼儿观察评价的方法参照，提供了获取幼儿学习与发展状况及其信息的载体示例。基于"学习故事"的幼儿观察评价，开辟了一条促进教师提升幼儿观察评价能力的路径。教师应以《3—6 岁儿童学习与发展指南》为参照，以关注幼儿发展优势与强项的"学习故事"为工具，科学确立每一名幼儿学习与发展的合理期望，引导幼儿不断生成新的学习活动，推动幼儿获得持续深入的发展。[②]

第一节　"学习故事"给予幼儿行为观察评价的启发

一、"学习故事"的内涵

　　"学习故事"（learning stories）是来自新西兰的儿童学习评价体系，由新西兰学前教育学者玛格丽特·卡尔（Margaret Carr）于 2001 年提出，并由她和她的团队经过数年的研究发展而成。

　　"学习故事"是一套儿童学习评价体系，注重过程评价，以叙事的方式关注幼

---

① 彭世华,路奇.幼儿园确立幼儿学习与发展"合理期望"的基本方法[J].学前教育研究,2013(12)：48-50.
② 路奇.新西兰"学习故事"经验对我国幼儿园贯彻《指南》的启示[J].学前教育研究,2016(9)：70-72.

儿的发展优势，其评价方法具有较强的可操作性，一经问世就在世界各国流传甚广，并得到实践的认可。[①]

(一)"学习故事"有明确的教育价值观引领

"学习故事"秉持这样的理念：儿童从出生起就是"有能力、有自信的学习者和沟通者"，儿童是积极的，有着蓬勃的生命力。"学习故事"要求幼儿学习评价的切入点应从"找不足、找差距"转变为"发现优点、发现能做的和发现感兴趣的"。通过捕捉幼儿学习过程中一个个让人惊喜的"哇时刻"，解读幼儿的所思、所想、所为，并让幼儿知道自己是"能为社会做出重要贡献"的、有价值的社会成员。[②]

(二)"学习故事"用叙事的方式进行形成性评价

"学习故事"用叙事的方式记录、评价和支持幼儿的学习，评价的焦点落在幼儿的学习过程上，包括幼儿在学什么和想什么(兴趣、行为和思维)，是怎么学习和怎么想的(方法、策略和关系)，为什么会学这些、想这些，为什么这么学和这么想(知识、技能和态度)。[③]

(三)"学习故事"的叙事结构

"学习故事"的叙事结构包括三个主要部分：注意、识别、回应。注意即观察幼儿的学习，用文字和图片记录幼儿的"魔法"时刻；识别即尽力去理解、分析、评价和反思幼儿的"魔法"时刻；回应即以记录和识别的信息为依据，支持幼儿进一步学习。[④] 用注意、识别、回应这种模式与幼儿一起学习和生活，不仅能促进幼儿进一步学习和发展，还能帮助教师即时、专业地回应幼儿的需求。教师记录真实发生的学习事件，倾听幼儿的心声，然后与幼儿、其他教师和家长进行分享，从而客观地、多维度和多视角地解读、评价幼儿的学习与发展。

(四)"学习故事"帮助儿童建构"学习者形象"[⑤]

"学习故事"强调成人应该帮助幼儿建构"学习者形象"，形成有助于学习的心智倾向。心智倾向是幼儿的学习动机和倾向、学习能力的结合，是一整套和参与有关的机制。学习者从中识别、选择、编辑、回应、抵制、寻找和建构各种学

---

① 何婷婷.新西兰"学习故事"及其在中国本土化的反思[J].教育与教学研究,2018,32(1)：20-24.

② 玛格丽特·卡尔.另一种评价：学习故事[M].周欣,周念丽,等,译.北京：教育科学出版社,2016：1-3.

③ 同上：4-6.

④ 张明丹.为促进学习而评价：建构学习者形象[J].教育观察,2019,8(12)：12-14.

⑤ 玛格丽特·卡尔.另一种评价：学习故事[M].周欣,周念丽,等,译.北京：教育科学出版社,2016：6-7.

习机会。

有助于学习的心智倾向依附于活动和学习场，包括三个维度，即准备好、很愿意、有能力。准备好，即幼儿视自己为一个学习者；很愿意，即幼儿对学习场合和情境进行识别；有能力，即幼儿发展能为"准备好"和"很愿意"参与学习做出贡献的能力与知识储备。

有助于学习的心智倾向关注五大领域，即感兴趣，在参与，遇到困难或不确定情境能坚持，与他人沟通，承担责任。[1] 感兴趣，即学习者对活动感兴趣，并与自己已有的经验相联系；参与，即学习者参与活动持续一段时间，并发展有创造性的想法；坚持，即学习者遇到困难和不确定的情境时能坚持，创造性地解决问题；沟通，即学习者用一系列的方式表达他们的想法、感受和观点；承担责任，即学习者承担责任、倾听其他观点、协商解决方案、分享想法等。

帮助幼儿建构学习者形象，形成有助于学习的心智倾向，引导其参与社会文化活动，学习就有可能发生，发展就有可能实现。

（五）"学习故事"强调建立共创关系

"学习故事"的实施程序，强调激发力量，整体发展，联合家庭社区，互动互惠。教师、家庭、幼儿、社区都参与评价，关注幼儿发展的独特性、连续性和不确定性。照片、故事赋予"学习故事"很强的解释性。

教师的力量是有限的，仅凭教师对幼儿进行记录与评价，难以真正做到关注和促进每一名幼儿的学习与发展。鼓励家长和社区相关人员适时参与评价活动，既保证每一名幼儿的学习与发展都得到充分关注，也有助于家长和社区人员更新学前教育理念与教育方法，从而营造一种有利于幼儿学习与发展的生态环境。[2]

由此可见，"学习故事"的特点非常明显：一是以叙事方式作为评价的手段；二是强调学习的复杂性和情境性，关注幼儿发展的独特性、连续性和不确定性；三是通过照片、故事赋予评价很强的解释性；四是具有包容性，教师、家庭、幼儿、社区都参与评价，具有"共创性"。

---

[1] 玛格丽特·卡尔.另一种评价：学习故事[M].周欣,周念丽,等,译.北京：教育科学出版社,2016：26.
[2] 路奇.新西兰"学习故事"经验对我国幼儿园贯彻《指南》的启示[J].学前教育研究,2016(9)：70-72.

二、"学习故事"与以往幼儿观察记录的异同

观察记录作为教师工作内容的一部分，能为教师开展有效教育教学提供重要依据。"学习故事"与以往教师所做的观察记录有一定的相似度：都是以叙事的方式进行记录，都是评价幼儿的一种方式，都坚信幼儿是学习的主体。但两者的观察目的、记录内容、价值取向、受众却不同。[①]

(一) 观察目的不同

"学习故事"以发现幼儿的兴趣为目标，思考如何激发幼儿更主动地参与学习活动。观察记录的实施有着明确的、具体的目的，观察者通常以研究、验证、评价为目的，对幼儿的活动进行观察记录。

(二) 观察记录的内容不同

"学习故事"记录的内容是"哇时刻"，从欣赏的视角记录让教师发出感叹的惊喜时刻。观察记录的内容广泛，不以幼儿表现好坏作为观察标准，可以是儿童令人惊喜的表现，也可能是并不那么出彩的甚至是令人失望的表现。

(三) 观察实施的价值取向不同

"学习故事"体现的是"取长"的教育价值取向，即记录幼儿最为感兴趣的、最有成就感的事情，让人看到一个有能力、有自信的幼儿。观察记录更多的是作为研究、评价幼儿的依据，对幼儿的表现所反映出的某个或某些方面的不足进行"补短"，促进幼儿更加全面地发展。

(四) 观察结果的受众不同

"学习故事"用于教师的教育教学研究，帮助家长了解幼儿发展情况，让幼儿学着积极地自我评价，即教师、家长和幼儿都是"学习故事"的受众。而观察记录主要服务于教师的教育教学研究工作，教师是主要受众。因此，运用"学习故事"开展幼儿观察和评价，教师和家长应尽力去发现幼儿的优势、幼儿的兴趣。

三、国内学前教育界运用"学习故事"的实践

"学习故事"用于评价幼儿的学习状况，通过一系列文件记录有价值的幼儿

---

① 冯姗."学习故事"——教师的正能量加油站[J].科教文汇,2015(12)：75-76.

学习过程，呈现幼儿的成长轨迹，帮助幼儿获得自我认同，帮助教师观察、理解并支持幼儿的持续学习与发展。其理念和价值追求与《3—6 岁儿童学习与发展指南》的精神不谋而合，因此也迅速得到我国学者和实践者的认可。

(一) 基于"学习故事"的教师培训

2013 年，教育部和中国学前教育研究会联合推广"学习故事"，肯定了"学习故事"对中国学前教育事业的意义。同年 8 月，卡尔教授的合作者温迪·李 (Wendy Lee)在北京开展了"学习故事"培训班。9 月，北京三义里一幼开设了"学习故事"实验班。[①]

2014 年 11 月，教育部在重庆组织开展了"借鉴新西兰'学习故事'贯彻落实《3—6 岁儿童学习与发展指南》"的培训活动，邀请了三位新西兰教育专家解读"学习故事"的理念及实践。[②]

2015 年 4 月，中国学前教育研究会成立了"学习故事"研习项目，上海、北京、成都、西安、重庆等地皆设有项目园。中国学前教育工作者从初步了解"学习故事"到成立项目园，用行动一步步完成"学习故事"的本土化。

(二) 基于"学习故事"的实践探索

2009 年，华东师范大学周欣教授及其团队开展了运用"学习故事"评价方法提升教师观察与评价学前儿童数学学习能力的研究，帮助教师运用观察和表现性评价促进学前儿童的数学学习与发展。[③]

周菁通过调查分析指出，"学习故事"在教育价值观和理念上与《幼儿园教育指导纲要(试行)》和《3—6 岁儿童学习与发展指南》有很多相同的地方。"学习故事"可以体现"关注幼儿学习与发展的整体性、尊重幼儿发展的个体差异、理解幼儿的学习方式与特点、重视幼儿的学习品质，直观形象地展现幼儿的学习与发展是整体性的、个性化的，而非线性的"等理念。[④]

余琳、付国庆指出，学习实践"学习故事"评价方法不能只学习"故事"本身，

---

① 孙婷婷.幼儿教师运用"学习故事"评价法的行动研究[D].哈尔滨：哈尔滨师范大学,2016.
② 曾艳.学习故事：从新西兰到重庆——重庆研究团队探索[J].今日教育,2015(11)：24 - 25.
③ 周欣,黄瑾,华爱华,等.学前儿童数学学习的观察和评价——学习故事评价方法的应用[J].幼儿教育,2012(6)：12 - 14.
④ 杨雄.学习故事：在"哇时刻"寻找幼儿成长曲线——专访中国学前教育研究会"贯彻《指南》,学习故事研习"项目专家组组长周菁[J].今日教育,2015(11)：22 - 23.

还应领悟其"激发生命成长"的课程理念与建设思路，这样才能根据"学习故事"蕴含的课程观，构建与完善幼儿园的现有课程，在未来的幼儿园课程建设中促进幼儿的个性化发展。①

王菁等在上海开展了"学习故事"的实践研究，将原有"学习故事"关注的心智倾向转化为对幼儿学习品质的关注，形成了幼儿学习品质的观察指标，制订了学习品质观察表，梳理了教师撰写的一组"学习故事"案例，为一线教师提供了实践指导与参考。②

相关研究启示，"学习故事"有可能成为贯彻落实《3—6 岁儿童学习与发展指南》的一种手段，一个抓手（教师们可以选择的众多手段和抓手中的一个）。③区别于传统的注重知识和技能的"清单式"评价模式，"学习故事"超越了等级评分，肯定幼儿自主学习的能力，注重幼儿、教师、家长的共同参与，关注幼儿的整个学习过程，发展有助于幼儿学习的心智倾向。"学习故事"所蕴含的儿童观、学习观、评价观体现了"以儿童为中心"的思想，重视有助于学习的心智倾向而非一成不变的知识和技能，这有利于改变当下我国幼儿教师评价能力不足的现状，帮助教师解读个体在具体情境中的学习，为教师提供了一种认识幼儿、解读幼儿的有效方法。

第二节　幼儿行为观察评价与教师专业发展的关系

随着教育改革的深入，人们逐渐认识到教师专业素养和专业能力的重要性。教师专业素养的丰富、专业能力的提升，与教学实践智慧的培养紧密相关。实践智慧能够促使教师追求专业发展，从而使得教师的专业素养和专业能力都得到很大的提升和进步。④ 随着学前教育改革的持续深入，教师专业发展的抓手越来越多地落实到教师对幼儿"学习发展观"的认识上。已有研究认为，教师对幼儿的关注应体现在对幼儿的观察评价上，对幼儿的观察能力是考查教师专业发

① 余琳，付国庆.新西兰的学习故事与幼儿园课程建设的新思路[J].教育科学论坛，2015(12)：5-8.
② 王菁.运用"学习故事"促进幼儿教师观察能力提升的研究[D].上海：华东师范大学，2016.
③ 杨雄.学习故事：在"哇时刻"寻找幼儿成长曲线——专访中国学前教育研究会"贯彻《指南》，学习故事研习"项目专家组组长周菁[J].今日教育，2015(11)：22-23.
④ 刘先玉.小学数学教师实践智慧培养研究[D].成都：四川师范大学，2018.

展的重要指标之一。

一、幼儿观察评价与幼儿园教师的专业发展

随着幼儿观察评价成为教育领域关注的热点话题后，有针对性地观察幼儿，科学、准确地评价幼儿，有效地支持幼儿健康成长，成为现阶段幼儿教师需要解决的专业发展痛点。

开展幼儿观察评价非常重要，但实施幼儿观察评价绝非易事。为了有效地实施幼儿观察评价，需要不断提高教师的专业素养。[①] 幼儿教师在开展幼儿观察评价时，需改变流于形式、疲于应付的局面，提升综合素养与能力，发展在观察记录、评价分析等方面的实践智慧。[②]

对于幼儿园教师而言，需要在理论和经验指导下，为每次的观察与评价拟定具体的观察目标和适宜的观察方法，并在真实的保教情境中捕捉幼儿的行为，敏感地察觉教育契机，开展探索式、行动探测式和假设检定式理解与回应。[③]

可见，幼儿园教师的观察评价能力，联结着教师的专业知识、信念和教学行为，是教师实践智慧的重要组成部分，更是教师专业发展的重要标志。理论赋能，提升幼儿教师观察理论素养；实践立魂，在保教情境中推动"使用理论"的意义生成；反思启智，推动认知的重构，成为当前幼儿园教师专业发展及其实践智慧提升的现实需要。[④]

二、实践智慧及其对幼儿园教师专业发展的核心价值

教师专业发展脱离不了实践智慧，实践智慧的养成能够激发教师自主发展的愿望与意识。教师实践智慧是提升教师专业发展的强大动力，也是教师专业发展回归教师生命体验的有力保障。

（一）教师实践智慧内涵的理论溯源

实践智慧是西方哲学研究中的重要概念之一。亚里士多德认为实践智慧是

---

① 朱美玲，蔡迎旗.基于观察的表现性评价在幼儿评价中的应用[J].早期教育，2015(7)：63-65.

② 陈少熙.以"学习故事"为载体，促进教师观察评价幼儿能力的提升[J].课程教育研究，2015(12)：176-177.

③④ 许冰灵.教师专业观察力研究及其对提升幼儿教师观察能力的启示[J].黔南民族师范学院学报，2021,41(4)：96-101.

一种反思性智慧，并对其进行了详细阐述。在《尼各马可伦理学》中，亚里士多德认为实践智慧是一种同善恶相关的、合乎逻辑的、求真的实践品质。[①] 有学者认为实践智慧是"真实的、伴随真理的能力状态"，强调实践智慧的介理性；有学者认为它就是对情景的感知、辨别与顿悟；有学者认为实践智慧是对人类有益的道德品性。[②] 国外学者大多对教师实践智慧进行思辨研究，并没有对其形成和实践路径进行系统的、完整的研究。

国内学者邴竹提到，我国学术界对实践智慧的研究程度稍浅，时间稍晚。虽然早在 20 世纪末，郭金平和袁祖社就在哲学领域和社会学领域论述了实践智慧，但并没有在教育领域论述实践智慧，也没有将实践智慧与教师教育教学实践结合起来。随着 21 世纪的到来，我国逐渐积累了一些成果。综合研究发现，国内学者对于教师实践智慧含义的研究主要有三个观点：第一，知识能力说，李斌、赵瑞情和范国睿认为教师的实践智慧是一种知识的积累、能力的提升；第二，认识体验说，张兴峰和王素梅认为教师的实践智慧是教师对教学情境的认识和体验；第三，综合素质说，许占全认为教师的实践智慧是教师综合素质的生成和体现。[③]

可见，教师实践智慧不能单一地理解为知识、能力、机智、德性或认识，需要对其构成要素从"善""真""美"等方面入手进行整体把握。教育理念与师德是教师实践智慧的情感、态度、价值取向与道德基础，指向教育之善；教育实践知识是教师实践智慧的认知基础，指向教育之真；教育实践能力是教师实践智慧的技能基础，指向教育之美。[④]

（二）幼儿教师实践智慧的生成及特点

杨柳提出，教师的实践智慧是在具体的教育教学活动中展现出来的，具有情景性、实践性、个体性、缄默性和动态生成性等特点。[⑤] 幼儿教师实践智慧的生成，需要在扎根实践、学习思考、研究、交流与反思中不断积淀、优化和增长。张亚妮、程秀兰提出，幼儿教师的实践智慧具体展现为，在教育情境中对"应当做什

---

① 亚里士多德.尼各马可伦理学[M].廖申白，译.北京：商务印书馆，2003.
② 邴竹，孟庆男.教师实践智慧的研究综述[J].教育观察，2015,4(24)：50.
③ 同上：49.
④ 张亚妮，程秀兰.基于"学习故事"的行动研究对幼儿园教师实践智慧生成与发展的影响[J].学前教育研究，2016(6)：51.
⑤ 杨柳.试论教师实践智慧与教师专业发展[J].现代教育科学，2016(3)：80.

么"的价值有适切性判断与"应当如何做"的合理性行动的统一与融合。① 实践智慧的生成途径主要有以下两种：第一，通过"教育叙事"，强调教师个体的反思；第二，通过"合作的自传"，强调教师间的交流。苏欣则认为，"对话—反思—研究—学习"是幼儿教师实践智慧发展的一个着力点，加强对话是构建教师实践智慧的重要手段，反思是获取实践智慧的重要抓手，行动研究是教师实践智慧发展的平台，终身学习是丰富教师实践智慧内容的基石。②

可见，幼儿教师专业发展离不开高度复杂、情境化的幼儿园教育现场，仅掌握幼教专业知识体系还远远不够，还有必要发展其实践智慧。正是实践智慧使教师信奉的理论与教育实践相统一，为解决幼儿教育理论与教育实践之间的失谐、错位和脱节提供可能。

三、"学习故事"研究与幼儿园教师提升实践智慧的关系

张亚妮探析"学习故事"行动研究中幼儿教师实践智慧的提升过程，提出实践智慧是教师专业发展的核心与标尺。③ 通过叙事性评价方法，内隐和默会的教师实践智慧可以被明晰和表征。④

对于新手教师而言，可借助"学习故事"的注意、识别、回应的三段式结构尝试进行叙事记录。对照《3—6岁儿童学习与发展指南》，学习在具体教育情境中识别幼儿五大领域方面的发展水平，并将识别结果与该指南中的教育建议对接，从而提出有针对性的指导策略，发展实践智慧。⑤

对于熟手教师来说，借助"学习故事"不仅要能敏锐捕捉幼儿的"魔法"时刻，开展连续性的观察和评价活动，准确识别幼儿的发展水平、兴趣和需要，剖析其学习品质和潜能所在，还要根据观察和评价支持幼儿的发展，提出具有针对性、系统性、灵活性的课程计划方案，夯实实践智慧。⑥

---

① 张亚妮，程秀兰.基于"学习故事"的行动研究对幼儿园教师实践智慧生成与发展的影响[J].学前教育研究，2016(6)：50.
② 苏欣.试析教师实践智慧的构建路径[J].成功(教育)，2013(11)：175.
③ 张亚妮.基于"学习故事"提升幼儿园教师实践智慧的个案研究[J].陕西学前师范学院学报，2017，33(8)：83-87.
④ 张亚妮."学习故事"中蕴涵的教育实践智慧探析[J].教育导刊，2018(9)：21-26.
⑤⑥ 张亚妮，程秀兰.基于"学习故事"的行动研究对幼儿园教师实践智慧生成与发展的影响[J].学前教育研究，2016(6)：57.

教师采用"学习故事"这一叙事性评价方式，通过对教育实践情境和幼儿游戏与学习行为的观察与分析，规划下一步支持的策略与方案，提供大量与复杂教育情境相结合的机会去提升自身的实践智慧。

实践智慧的生成逻辑通常包含三个步骤：首先是认识，即教师对教育实践情境和幼儿个体的观察和理解；其次是评价，即对幼儿的表现与发展水平作出分析与判断；最后是决策，即提出解决教育情境中蕴含的实际问题的策略和支持幼儿发展的方案。教师的实践智慧正是基于认识、评价和决策的实践逻辑生发出来的，与"学习故事"的"注意、识别、回应"的逻辑关系高度吻合。[①]

从实践智慧包含的"善、真、美"三个要素来看，"善"即教师拥有科学的教育理念与高尚师德，是"注意"的前提，是价值指引；"真"即教师掌握扎实的教育实践知识，是"识别"的认识基础和前提；"美"即教师拥有高超的教育实践能力，是"回应"的技术保障，是教育之"美"的具体彰显。[②]观察是教育的起点，"学习故事"的评价理念和方法为提升我国幼儿教师的幼儿观察评价能力提供了新视角，开辟了新途径。

---

①② 张亚妮，程秀兰.基于"学习故事"的行动研究对幼儿园教师实践智慧生成与发展的影响[J].学前教育研究，2016(6)：52.

第三章　循证分析：教师开展幼儿行为观察评价的现状调查

《3—6岁儿童学习与发展指南》呼吁教师"关注幼儿学习与发展的整体性""尊重幼儿发展的个体差异""理解幼儿的学习方式和特点""重视幼儿的学习品质"，这四条原则指导教师在实践中以全新的视角观察和评价幼儿。为了更好地推动教师成为熟练的观察者，提升教师观察与评价幼儿行为的能力，我们有必要了解和分析幼儿教师开展观察和评价的真实情况。本研究通过大样本调查的方式，着重梳理幼儿教师日常开展观察评价的现状及其影响因素。通过调查，对教师开展观察评价的情况进行较为全面的了解和掌握，找到提升教师观察评价能力的着力点和突破口。

本调查研究采用分层抽样的方法，以上海市级示范园、市级一级园、区级一级园、区级二级园为目标园所，在各级各类幼儿园中，随机从教师的职称、教龄、学历、专业背景等维度抽取调查对象，确保调查对象的全面性和普遍性。本研究共发放调查问卷189份，回收问卷189份，有效问卷189份。

本调查研究主要采用问卷调查法。为了确保问卷的真实性和科学性，研究团队根据研究涉及的4个核心议题"对观察评价幼儿的认知""观察行为""具备的观察评价幼儿的能力""提升观察评价幼儿能力的需求"，对教师进行访谈，提炼与编制了"幼儿教师观察评价幼儿的调查问卷"。

4个核心议题共涉及9个调查项目，每个调查项目下设3—7个特定调查内容点，每个内容点设置从"从不"到"经常（非常）"4个程度选项，形成矩阵单选题。相关调查内容通过"问卷星"平台发放问卷、回收问卷。

调查数据采用SPSS17.0版统计软件进行整理和分析。主要的数据统计分析方法：采用单变量描述性统计分析教师本人的特点和所属幼儿园的基本情况；对数量化等第资料，即程度分值题，进行单因素方差分析和独立样本 t 检验。

第一节 教师对观察评价幼儿的认知

对调查问卷的数据进行统计和分析前，我们先从教师的学历、专业、教龄、职称等方面，考量其分布的信度和效度。在此基础上我们着重抽取专业、教龄进行统计与深入分析。

教师对观察评价幼儿的认知，是指教师的观察意识、对观察的意义或价值的认同，反映了教师在日常实践中围绕观察评价幼儿，对自己能做什么、喜欢做什么和该做什么的自觉认识。

一、教师观察评价幼儿的意识

在"意识"这个维度，我们主要考察教师集体活动中是否能关注活动中的幼儿、日常生活中是否注重对特殊幼儿的观察、是否具有对每一个幼儿进行观察的公平意识、一日活动中是否具有随时观察的敏感性（见表 3-1）。

表 3-1 教师观察评价幼儿的意识的比较

		人数	集体活动中能关注活动中的幼儿		观察过比较特殊的幼儿		观察过班级中的每一个幼儿		一日活动中观察幼儿的意识很强	
			平均数	标准差	平均数	标准差	平均数	标准差	平均数	标准差
教师学习专业	学前教育	119	2.52	1.016	3.62	0.552	3.62	0.582	3.62	0.552
	非学前教育	70	2.4	0.939	3.64	0.615	3.64	0.512	3.59	0.525
从教年限	5年以内	45	2.4	0.889	3.64	0.609	3.51	0.589	3.47	0.588
	5—10年	81	2.47	1.038	3.58	0.61	3.68	0.544	3.67	0.524
	10年以上	63	2.54	0.997	3.68	0.502	3.65	0.544	3.63	0.517

由表 3-1 结果可见：

总体而言，教师在集体活动中关注活动中幼儿的意识相对薄弱，介于"偶尔"和"有时"之间。

经独立样本 t 检验，教师是否具备学前教育专业背景，在观察评价幼儿的意识涉及的四个方面没有显著差异。不同教龄教师之间存在一定差异,5年以内教师的观察意识较弱,教师的观察意识随着教龄的增长而增强,并在5—10年成长型教师身上表现得更为迫切和明显。经单因素方差分析,教龄5—10年教师和教龄5年以内教师在"一日活动中观察幼儿的意识很强"方面存在显著差异($P = 0.047$)。

二、教师对观察评价幼儿的理解

在"理解"这个维度,研究主要关注教师能否借助观察和评价促进幼儿发展。研究从6个内容点切入,了解教师对观察评价幼儿价值的实际理解(见表3-2)。

表3-2　教师对观察评价幼儿的理解的比较

		人数	评估幼儿目前发展阶段,并预测下一发展阶段		评估之后做决定		进行某一领域更深层次的评估		思考教师与幼儿的相互影响		提供材料、活动和计划,促进幼儿发展		发现幼儿兴趣,了解幼儿个性,为教学策略提供线索	
			平均数	标准差	平均数	标准差	平均数	标准差	平均数	标准差	平均数	标准差	平均数	标准差
教师学习专业	学前教育	119	3.70	0.479	3.57	0.576	3.57	0.59	3.67	0.584	3.81	0.417	3.78	0.454
	非学前教育	70	3.71	0.568	3.53	0.653	3.60	0.623	3.63	0.641	3.77	0.487	3.74	0.557
从教年限	5年以内	45	3.58	0.621	3.36	0.743	3.40	0.618	3.51	0.661	3.67	0.564	3.64	0.645
	5—10年	81	3.72	0.480	3.67	0.524	3.70	0.486	3.75	0.488	3.80	0.431	3.80	0.431
	10年以上	63	3.78	0.456	3.56	0.562	3.56	0.690	3.63	0.679	3.87	0.336	3.81	0.435

由表3-2结果可见,经独立样本t检验,不同专业背景的教师对观察评价幼儿的理解没有显著差异。经单因素方差分析,教龄5年以内的教师和教龄10年以上的教师在"评估幼儿目前发展阶段,并预测下一发展阶段"和"提供材料、活动和计划,促进幼儿发展"方面存在显著差异(P值分别为0.046、0.017),教龄5年以内的教师和教龄5—10年的教师在"评估之后做决定""进行某一领域更

深层次的评估"方面存在极显著差异(P 值分别为 0.005、0.006），在"思考教师与幼儿的相互影响"方面存在显著差异（$P=0.031$）。

综上所述，实践的直接体验和经验积累是影响教师对观察评价幼儿的理解的重要影响因素。具体表现为教龄 5 年以内的教师的理解不够深入；教龄 5—10 年的教师更强烈地认同观察评价对"评估之后做决定""进行某一领域更深层次的评估""思考教师与幼儿的相互影响"发挥着重要作用；教龄 10 年以上的教师则更关注"评估幼儿目前发展阶段，并预测下一发展阶段""提供材料、活动和计划，促进幼儿发展"。

第二节　教师观察行为分析

教师观察行为，是指教师在日常工作中围绕观察所采取的行动。

一、观察计划的制订与执行

观察计划的制订与执行包括"观察前明确目的""观察前制订计划""根据观察计划进行观察"等内容，这直接影响教师观察幼儿行为的动机和质量（见表 3-3）。

表 3-3　教师制订和执行观察计划的比较

		人数	观察前明确目的		观察前制订计划		根据观察计划进行观察	
			平均数	标准差	平均数	标准差	平均数	标准差
教师学习专业	学前教育	119	3.49	0.649	3.43	0.743	3.50	0.623
	非学前教育	70	3.40	0.623	3.23	0.745	3.49	0.697
从教年限	5 年以内	45	3.27	0.654	3.16	0.824	3.29	0.727
	5—10 年	81	3.53	0.572	3.48	0.635	3.60	0.585
	10 年以上	63	3.49	0.693	3.33	0.803	3.51	0.644

由表 3-3 结果可见：

总体而言，教师在观察前制订观察计划的平均数最低，说明大家普遍不重视观察计划的制订。

经单因素方差分析，教龄 5 年以内的教师与教龄 5—10 年的教师在"观察前明确目的""观察前制订计划"方面存在显著差异（P 值分别为 0.026、0.019），在"根据观察计划进行观察"方面存在极显著差异（$P = 0.009$）。研究发现，教龄 5 年以内的教师制订观察计划能力最弱，教龄 5—10 年的教师具备"在观察前明确目的、制订计划，并根据观察计划进行观察"的实践性趋向。

二、观察方法的掌握

观察是透过行为事实来收集信息，但是把所有观察对象的所有行为都收集起来是不可能的，因此观察方法很重要。[①] 本研究主要考察教师对几种常见的观察方法的掌握情况（见表 3 - 4）。

表 3 - 4　教师掌握观察方法的情况比较

		人数	时间取样法		事件取样法		定点观察法		扫描观察法		追踪观察法	
			平均数	标准差	平均数	标准差	平均数	标准差	平均数	标准差	平均数	标准差
教师学习专业	学前教育	119	2.92	0.907	3.18	0.820	3.30	0.839	2.95	0.955	3.35	0.720
	非学前教育	70	2.70	0.938	2.89	0.808	3.06	0.814	2.77	0.920	3.16	0.792
从教年限	5 年以内	45	2.89	0.832	3.04	0.796	3.16	0.706	2.76	0.908	3.22	0.670
	5—10 年	81	3.02	0.894	3.17	0.803	3.28	0.884	3.06	0.953	3.32	0.755
	10 年以上	63	2.56	0.963	2.95	0.869	3.16	0.865	2.75	0.933	3.27	0.807

由表 3 - 4 结果可见：

学前教育专业的教师对观察方法的掌握要好于非学前教育专业的教师。总体来看，所有从教年限的教师对"时间取样法"的掌握程度都弱于其他三种观察法。在使用"事件取样法"进行观察时，不同专业的教师存在显著差异（$P = 0.019$）。相较于教龄 5—10 年的教师，教龄 10 年以上的教师对"时间取样法"和"扫描观察法"的掌握存在极显著（$P = 0.002$）和显著差异（$P = 0.046$），教龄 10 年以上的教师更倾向使用"定点观察法"和"追踪观察法"。

---

① 马利民.教师进行幼儿行为观察与分析的意义、方法[J].教育观察,2020,9(16)：26 - 27.

可见，教师在实践中需掌握各类观察方法，尤其需要提升对"事件取样法""时间取样法"等观察方法的运用能力，以实现对幼儿的深度观察。

三、观察技术的形成

对于观察技术的形成，研究主要考察教师是否能"根据观察目的选择合适的观察方法""运用观察量表进行观察记录""借助手机、相机、录音笔等器材观察""面对活动场景，知道选用何种观察方法"（见表3-5）。

表3-5　教师观察技术的情况比较

		人数	根据观察目的选择合适的观察方法		运用观察量表进行观察记录		借助手机、相机、录音笔等器材观察		面对活动场景，知道选用何种观察方法	
			平均数	标准差	平均数	标准差	平均数	标准差	平均数	标准差
教师学习专业	学前教育	119	3.42	0.617	3.15	0.830	3.55	0.634	2.35	1.022
	非学前教育	70	3.27	0.612	3.00	0.722	3.41	0.648	2.33	0.896
从教年限	5年以内	45	3.07	0.618	2.84	0.796	3.51	0.695	2.22	0.902
	5—10年	81	3.43	0.611	3.22	0.837	3.59	0.565	2.11	1.000
	10年以上	63	3.49	0.564	3.11	0.698	3.38	0.682	2.73	0.884

由表3-5结果可见：

教师在形成观察技术方面，"借助手机、相机、录音笔等器材观察"的平均数最高，相对较好；"面对活动场景，知道选用何种观察方法"的平均数最低，相对薄弱。

经独立样本 t 检验，不同专业的教师没有显著差异。经单因素方差分析，教龄5年以内教师和教龄5—10年教师、教龄10年以上教师在"根据观察目的选择合适的观察方法"方面存在极显著差异（P 值分别为0.001、0.000）；教龄5年以内教师与教龄5—10年教师在"运用观察量表进行观察记录"方面存在显著差异（$P=0.010$）；教龄10年以上教师与教龄5年以内教师、教龄5—10年教师在"面对活动场景，知道选用何种观察方法"方面存在极显著差异（P 值分别为0.006、0.000）。

可以认为，在观察技术的形成方面，教师的专业背景并不对其产生影响；随着教龄的增长，教师的观察技术逐渐积累。教师尤其需要加强"面对活动场景，知道选用何种观察方法"，优化观察行为。

第三节　教师应具备的观察评价幼儿的能力

观察评价幼儿的能力，是指教师筛选有价值的信息，分析解读幼儿的表现。

一、筛选有价值信息的能力

教师筛选有价值信息的能力，主要从"知道哪些信息有效或无效""不确定观察内容与观察目标是否契合时会多次观察""依据观察目的有选择地记录观察内容""能捕捉有价值的信息"四项内容来考察（表3－6）。

表3－6　教师筛选有价值信息的情况比较

		人数	知道哪些信息有效或无效		不确定观察内容与观察目标是否契合时会多次观察		依据观察目的有选择地记录观察内容		能捕捉有价值的信息	
			平均数	标准差	平均数	标准差	平均数	标准差	平均数	标准差
教师学习专业	学前教育	119	2.34	0.897	3.43	0.671	3.42	0.657	2.27	0.890
	非学前教育	70	2.34	0.883	3.30	0.598	3.23	0.618	2.13	0.741
从教年限	5年以内	45	2.22	0.823	3.29	0.626	3.11	0.714	2.04	0.673
	5—10年	81	2.19	0.882	3.46	0.653	3.43	0.651	2.11	0.880
	10年以上	63	2.63	0.885	3.35	0.652	3.41	0.557	2.48	0.840

由表3－6结果可见：

总体而言，教师在"能捕捉有价值的信息""知道哪些信息有效或无效"的平均数较低，介于"偶尔"和"有时"之间且更接近"偶尔"，说明教师捕捉信息与价值判断的能力亟待加强，这样的问题具有普遍性。

其中，学前教育专业的教师在筛选有价值的信息方面总体优于非学前教育专业的教师。经独立样本 t 检验，不同专业教师"依据观察目的有选择地记录观察内容"方面存在显著差异（$P=0.049$），学前教育专业的教师在记录观察内容时更有目的性。

教龄对教师能否筛选有价值的信息影响较大，教龄 5 年以内教师在筛选有价值的信息方面相对薄弱，教龄 10 年以上的教师总体优于其他从教年限的教师。经单因素方差分析，教龄 5 年以内教师与教龄 10 年以上教师在"依据观察目的有选择地记录观察内容"方面存在显著差异（$P=0.016$），与教龄 5—10 年教师存在极显著差异（$P=0.007$）；教龄 10 年以上教师与教龄 5 年以内教师在"知道哪些信息有效或无效"方面存在显著差异（$P=0.016$），与教龄 5—10 年教师存在极显著差异（$P=0.002$）；教龄 10 年以上教师与教龄 5 年以内教师、教龄 5—10 年教师在"能捕捉有价值的信息"方面有极显著差异（P 值分别为 0.008、0.009）。

二、分析解读幼儿时所采用的依据

教师分析解读幼儿行为，需要秉持科学理念，采用科学的依据。因此，本研究关注从"运用理论分析判断信息""把观察到的信息作为分析评价依据""参照《3—6 岁儿童学习与发展指南》等纲领性文件分析观察信息""追寻幼儿行为背后的原因并进行分析"四个方面考察教师分析解读幼儿时所采用的依据（表 3-7）。

表 3-7　教师分析解读幼儿所采用的依据的情况比较

		人数	运用理论分析判断观察信息		把观察到的信息作为分析评价依据		参照《3—6 岁儿童学习与发展指南》等纲领性文件分析观察信息		追寻幼儿行为背后的原因并进行分析	
			平均数	标准差	平均数	标准差	平均数	标准差	平均数	标准差
教师学习专业	学前教育	119	3.48	0.622	3.55	0.607	3.71	0.587	3.69	0.517
	非学前教育	70	3.29	0.663	3.30	0.645	3.59	0.551	3.50	0.608
从教年限	5 年以内	45	3.16	0.638	3.27	0.618	3.49	0.695	3.49	0.661
	5—10 年	81	3.47	0.634	3.48	0.635	3.72	0.530	3.67	0.500
	10 年以上	63	3.51	0.619	3.56	0.616	3.71	0.521	3.65	0.544

由表 3 - 7 结果可见：

　　总体而言，教师分析解读幼儿的平均数介于"有时"和"经常"之间，可以认为，教师在分析解读幼儿时均有意识地以理论、文件和观察到的信息等为依据。

　　学前教育专业的教师在"分析解读幼儿采用的依据"方面总体优于非学前教育专业的教师。经独立样本 t 检验，不同专业教师在"运用理论分析判断观察信息"和"追寻幼儿行为背后的原因并进行分析"方面存在显著差异（P 值分别为 0.046、0.031），在"把观察到的信息作为分析评价依据"方面存在极显著差异（$P=0.009$）。可以认为，学前教育专业的教师在分析解读幼儿时更具有法规意识、纲领精神和理论素养。

　　不同教龄的教师在分析解读幼儿方面存在较大差异。其中，教龄 5 年以内的教师的表现显著弱于其他教龄的教师。经单因素方差分析，教龄 5 年以内教师与教龄 5—10 年教师、教龄 10 年以上教师在"运用理论分析判断观察信息"方面存在极显著差异（P 值分别为 0.008、0.005），在"参照《3—6 岁儿童学习与发展指南》等纲领性文件分析观察信息"方面存在显著差异（P 值分别为 0.034、0.044）；教龄 5 年以内与 10 年以上教师在"把观察到的信息作为分析评价依据"方面存在显著差异（$P=0.019$）。

第四节　教师提升观察评价幼儿能力的需求

　　观察评价幼儿是教师必须拥有的基本专业能力。了解教师提升观察评价幼儿能力的需求，有助于找到教师专业发展的瓶颈或突破口。

一、影响观察评价的因素

　　就影响观察评价的因素，本研究主要从"对幼儿学习与发展轨迹认识不足""缺乏将观察到的信息与课程实践联结的方法""观察持续力不足""评价缺乏多元手段"四个方面对教师进行考察（表 3 - 8）。

表 3-8　影响教师观察评价的因素比较

		人数	对幼儿学习与发展轨迹认识不足		缺乏将观察到的信息与课程实践联结的方法		观察持续力不足		评价缺乏多元手段	
			平均数	标准差	平均数	标准差	平均数	标准差	平均数	标准差
教师学习专业	学前教育	119	2.45	0.899	2.46	0.852	2.57	0.926	2.41	0.951
	非学前教育	70	2.46	0.829	2.47	0.896	2.57	0.910	2.40	0.841
从教年限	5 年以内	45	2.36	0.908	2.31	0.821	2.47	0.919	2.18	0.860
	5—10 年	81	2.37	0.828	2.36	0.856	2.47	0.896	2.36	0.885
	10 年以上	63	2.62	0.888	2.71	0.869	2.78	0.924	2.63	0.938

由表 3-8 结果可见：

经独立样本 t 检验，不同专业的教师在影响观察评价的因素上没有显著差异。经单因素方差分析，教龄 10 年以上的教师与教龄 5 年以内、5—10 年的教师在"缺乏将观察到的信息与课程实践联结的方法"方面均有显著差异（P 值分别为 0.016、1.014）。教龄 10 年以上的教师与教龄 5—10 年的教师在"观察持续力不足"方面有显著差异（$P=0.045$）。教龄 10 年以上与教龄 5 年以内的教师在"评价缺乏多元手段"方面有显著差异（$P=0.010$）。总体而言，教师面临的境况普遍一致，大家都认识到自己存在"知识不足""方法不足""持续力不足""手段不足"，教龄 5 年以内、5—10 年的教师对不足的认识尤为突出。

可见，教师开展观察评价面临的问题及其影响因素趋于共性，大家普遍具有一定的观察评价幼儿的意识，却在实践中存在知行不一的现象。

二、提升观察评价能力的具体需求

蒙台梭利曾说过，唯有通过观察和分析，才能真正了解幼儿的内心需要和个体差异，以决定如何协调环境，并采取应有的态度来配合幼儿成长的需要！[1] 因

---

[1] 刘佩佩.幼儿教师观察评价能力的提升路径——基于新西兰学习故事的启示[J].现代职业教育，2019（28）：214-215.

此，研究主要从“改善观察方式，提高捕捉行为的能力”“改善分析方法，提高分析幼儿的能力”“改善解读方式，提高解读幼儿的能力”“改善支持方式，提高回应幼儿的能力”四个方面对教师进行调查分析（表3-9）。

表3-9　教师对提升观察评价能力的需求比较

		人数	改善观察方式，提高捕捉行为的能力		改善分析方法，提高分析幼儿的能力		改善解读方式，提高解读幼儿的能力		改善支持方式，提高回应幼儿的能力	
			平均数	标准差	平均数	标准差	平均数	标准差	平均数	标准差
教师学习专业	学前教育	119	3.12	0.894	3.34	0.753	3.29	0.827	3.34	0.741
	非学前教育	70	3.21	0.679	3.34	0.657	3.30	0.645	3.29	0.663
从教年限	5年以内	45	3.29	0.787	3.42	0.690	3.42	0.690	3.44	0.693
	5—10年	81	3.27	0.707	3.43	0.631	3.33	0.689	3.40	0.626
	10年以上	63	2.90	0.928	3.17	0.814	3.16	0.884	3.14	0.800

由表3-9结果可见：

经独立样本t检验，不同专业背景的教师对“提升观察评价能力的需求”较为一致，没有显著差异。

经单因素方差分析，教龄10年以上的教师与教龄5年以内、5—10年的教师在“改善观察方式，提高捕捉行为的能力”方面存在极显著差异（P值分别为0.015、0.007），在“改善支持方式，提高回应幼儿的能力”方面存在显著差异（P值分别为0.029、0.034）。教龄10年以上教师与教龄5—10年教师在“改善分析方法，提高解读幼儿的能力”方面存在显著差异（$P=0.032$）。

可以认为，教龄5年以内和教龄5—10年的教师非常迫切地需要“改善观察方式，提高捕捉行为的能力”“改善支持方式，提高回应幼儿的能力”，教龄5—10年的教师同时迫切需要“改善分析方法，提高分析幼儿的能力”。

提升观察评价能力是一线教师共同的呼声，提升观察与捕捉、分析与解读、支持与回应的能力，成为教师共同的需求。

第五节　提升教师观察评价幼儿能力的建议

学会观察和科学评价幼儿，是现代幼儿教师必备的专业素养。我们需要直面广大教师观察评价幼儿能力的不足，优化理念，更新教育观念；直面问题，找到着力点；强化行动，积淀实践智慧；创设平台，架构研修共同体，促进教师发展。

一、优化理念，更新教育观念

首先，教师要学会自我学习，不断丰富有关观察评价的理论知识，为自己的实践探索寻求理论支撑，夯实专业基础。教师要学会向书本学习，与观察评价相关的研究著作，会在理念、方法和经验上给予教师有效启示；教师要学会向文献学习，获得本领域的研究动态；教师还要向同行学习，从他人的思想和行动中汲取经验，提升实践智慧。

其次，教师要重新思考，审视自己的观念是否科学、合理。教师应避免将幼儿的学习情境和评估情境进行分离；建立现场观察、故事记录与讲述，观察者、参与者与被观察者，现场经验与回溯经验等关系的联结。同时，教师要与幼儿分享观察记录与分析，听取幼儿的想法和建议，师幼共同参与观察与记录。

再次，教师要将视线转向幼儿正在发生的学习，看到幼儿正在进行的活动和兴趣点。比如，关注幼儿活动的区域和材料、讨论的话题、呈现的活动主题等，识别幼儿深层次的兴趣和需要；关注幼儿在活动中对自己行为的控制和调节，了解幼儿是如何处理关系的，以此建构幼儿的学习者形象。

最后，教师要实现三个转变：将期望幼儿转变为发现幼儿，将分析幼儿学习结果转变为解读幼儿学习过程，将指导幼儿转变为支持幼儿。这三大转变需要教师全面看待幼儿的学习与发展，关注幼儿学习过程中的行为习惯、个性品质、交往态度、问题解决能力的发展。教师应该作为幼儿的同行者、陪伴者、倾听者、共鸣者和共情者，支持幼儿的学习与发展。

二、直面问题，找到着力点

如果教师想提升对幼儿的观察评价能力，就需要在日常实践中多加练习。

当幼儿正在做游戏或参与一日生活活动时,教师需要停止手头的工作,利用几分钟时间仔细观察其中的1—2名幼儿,关注他们是如何进行同伴交往,如何解决问题,如何探索事物的。

教师应努力让观察更聚焦,多感官参与幼儿的观察;以开放的心态面对幼儿,了解他们能够做什么,正在做什么;看到幼儿的努力,记录他们的闪光点;尝试采用不同的记录策略,探索适合自己的方法或工具;反思自己的观察记录;客观记录并解释幼儿的行为;不遗漏任何一个幼儿,持续关注他们,学会筛选,让观察帮助自己了解幼儿的发展需要。

三、强化行动,积淀实践智慧

要成为一名熟练的观察者,需要反复实践,全身心地投入到日常观察工作中。教师可以通过"确定观察要点,进行现场观察,撰写观察记录,实施观察信息和现象统计,分析幼儿发展,反思教育行为"[①]等步骤,持续实践以提升观察、识别、支持幼儿发展的水平与能力。观察评价幼儿是一个长期的过程,教师必须在日常实践中具有主动探索的意识,对记录的时间与方式、信息的评价与反馈等问题熟稔于心。当教师在反复实践探索中获得顿悟、积累智慧、收获自信时,将是一件十分有意义而且愉悦的事。

四、创设平台,架构研修共同体

教师在开展幼儿观察评价时,若没有"发现寻常行为意义"的内在需求,只埋头于执行各种预定的评价任务,那么这类工作将变得枯燥。因此,幼儿园有必要为教师建构有效的研修共同体,支持他们与同事、同行、领域专家一起学习与研究。"学习故事"可以成为贯彻落实《3—6岁儿童学习与发展指南》的一个抓手。建构幼儿"学习故事"研修共同体,借助"学习故事"的理念、技术与工具,帮助教师观察、识别幼儿在具体情境中的学习与发展;通过研修共同体的循环实践,教师慢慢学会关注幼儿的行为,研究幼儿的表现,交流各自对幼儿学习的理解,在发现幼儿、解读幼儿、支持幼儿发展的过程中实现专业能力的提升。

---

① 周念丽.观察分析六步法:区角游戏支持的核心策略——"聚光镜"项目的创意和实施意义探析[J].学前教育,2018(3):28-31.

第四章　行动探索：基于"学习故事"的幼儿行为观察评价实践研修

　　教育实践是教师专业发展的起点和可持续方向，教师专业发展的持续突破必须立足于鲜活的实践现场。"学习故事"结构中包含注意、识别和回应，对应教师实践行为中的观察、分析和支持，这是"学习故事"核心要素和实践行为核心要素的内在关联。聚焦幼儿真实的学习与发展的活动现场，提升教师开展幼儿行为观察评价的能力，需要方法、路径和过程。

　　建构主义学习理论认为，任何学习都不是空着脑袋进入学习情境的。教师作为专业人员，既具有经过专门训练而获得的知识和技能，又具有在教育教学实践中积累起来的带有教师个性的经验、思想及感悟，这些是教师协作学习的基础性资源。知识经济时代的到来，使得人们越来越重视人际交流与协作，尤其对于投身课程改革的教师来说，重视协作意识的培养和协作能力的提升是现代教师的一种品质。[①] 基于"学习故事"的幼儿行为观察评价研修行动，正是基于这样的认识和思考，建构教师实践研修共同体，形成有效的研修模式，推动教师彼此之间相互学习和交流，共享资源和成果，共同解决难题，实现观念和行为协同上的显著改善，获得实践智慧的增长。

第一节　开展幼儿行为观察评价研修的理论框架

　　教师研修共同体强调行动的重要性，注重在真实的情境中进行探索与研

---

① 徐丽华，吴文胜.教师的专业成长组织：教师协作学习共同体[J].教师教育研究，2005，17(5)：43.

讨，在同伴互动中探讨问题、分享思想、产生方法。教师研修共同体有"共同的价值追求、生态化的研究场景、任务型的合作关系"，自下而上面对实践问题并解决问题，是一种"参与—充权—自我发展"的思维方式与过程。[①]

　　真正意义上的教师研修共同体应具备以下几个基本特征：有一个共同的目的与合理期望；有一个达成共识的问题认识和方法构想；作为相互关系系统的一部分，彼此之间相互学习和交流；过程中坦率沟通与反馈；共享资源和成果，共同解决难题；有较强的效能感，带来行为或能力的改善。[②] 由此，基于"学习故事"的幼儿观察评价研修行动，依据研究共同体理论，借鉴"学习故事"的方法与结构，构建促进教师提升幼儿行为观察评价能力的合理期望，形成教师研修行动的理论框架（见图4-1）。

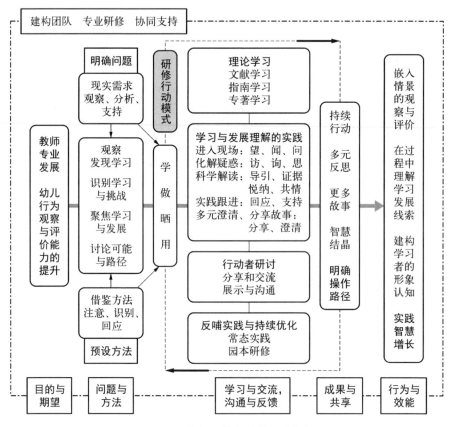

图 4-1　教师研修行动的理论框架

① 张玉霞.参与式研究方法及其实践与思考[J].四川省干部函授学院学报,2011(2)：108-110.
② 徐丽华,吴文胜.教师的专业成长组织：教师协作学习共同体[J].教师教育研究,2005,17(5)：41-44,15.

一、目的与期望

教师研修共同体的共同目标和期望构成共同愿景,使教师们聚集在一起,为了共同的目标而努力。教师研修共同体中的愿景更多是一种特定的结果、一种期望的未来景象或意象 ,它不是抽象的,而是具体的、持续的、容易描述的。①

基于"学习故事"的幼儿行为观察评价研修,是为了解决当前幼儿教师在幼儿观察和评价能力上存在的问题,在解决问题的过程中产生方法,为教师提供开展幼儿行为观察评价的可操作路径和方法,实现共性问题的解决和必备能力的获得。

教师研修共同体的构建,旨在推动教师们实现学习方式和实践方法的重构,从同伴互助走向专业引领,从实践积累走向智慧积淀。为此,区域教育学院学前教育首席教研员与区级骨干教师,以及一线幼儿园教师一起,组建成教师研修共同体,为区域幼儿教师队伍建设,幼儿教师专业能力的提升而携手前行,开展基于"学习故事"的幼儿行为观察评价研修与探索。

二、问题与方法

教师研修共同体从本质上来看,是一种基于问题的学习模式。通过共同体成员合作解决真实性问题,使教师在教学实践中形成解决问题的技能,提高自主学习的能力。教师研修共同体,将有利于教师根据个人的认知方式和所面临的教育情境,提高解决问题的技能,促进自我专业发展。

基于前期 189 名教师为样本的调查,结合教师访谈,我们需要解决一些共性问题:教师有观察意识,但普遍缺乏观察方法,往往不知道如何捕捉幼儿的精彩瞬间,观察不到想要观察的内容;教师常常不清楚如何甄别、记录有价值的观察信息;教师在观察评价中表现出较强的主观性、武断性,缺少专业的分析能力;教师开展的观察和评价,常流于表面,难以提供真正有助于幼儿学习发展的支持。

"学习故事"从注意、识别、回应三个维度,给予教师"发现学习,识别学习与挑战,聚焦学习与发展,讨论可能与路径"的方法构想。教师观察记录幼儿的活动事件,在与他人分享"学习故事"的过程中,倾听和理解幼儿的心声,发现幼儿

---

① 张平,朱鹏.教师实践共同体:教师专业发展的新视角[J].教师教育研究,2009,21(2):56-60.

的优点和兴趣，继而给予幼儿有效的回应，支持幼儿的持续学习。"学习故事"的评价模式，能为教师真实、全面、准确地把握幼儿发展水平提供及时、准确的反馈和支持，进而实现专业能力的提升。

三、学习与交流，沟通与反馈

对于教师研修共同体而言，所有的学习行为都是在实践、反思和对话交流的过程中产生的，这需要建立一种相互合作、相互协商的文化机制。学习者作为共同体成员参与实践活动，共同分享学习资源，彼此交流情感、体验和观念，协作完成一定的学习任务。大家通过共同参与活动，彼此相互影响和促进，形成成果共享的机制，达成对共同体愿景的归属感和实践的价值感。

"学做晒用"的研修模式强调从问题和需求出发学以致用。"学"是指围绕"学习故事"和"幼儿行为观察评价"展开理论学习，获得理论知识和基本方法。"做"是指推进基于"学习故事"的幼儿行为观察评价实践，落实理念创新，开展深度探究和实践。"晒"是行动实践后的交流、分享、反思与梳理，促进教师实践经验和有效方法的总结。"用"是研修后的实践反哺，是将"学做晒"中积累的创造性智慧运用于园本研修中，提升工作效能。

每一轮研修活动的关键是问题的解决，研修共同体成员对于问题解决的方案要达成共识。研修共同体组织者在研修活动中，不但要组织研讨，进行专业引领，还要把成员讨论的内容进行总结提炼，形成共识。

以"学做晒用"为手段的研修模式，在持续循环推进中遵循"识记、理解、分析、应用、评价、综合"的认知学习发展规律，促进教师观察评价能力的螺旋上升。

四、成果与共享，行为与效能

达成共识、形成智慧结晶并不是研修的终点，研修成果应持续应用于教育教学实践，改变教师的常态实践行为。应用在实践中的行为跟进应形成更多观察评价幼儿的案例，惠及园本教师团队。因为跟进的过程是再实践、再研讨和再反思的过程，是反哺实践、检验成效的过程。

基于"学习故事"的幼儿行为观察评价研修行动，在实践中持续行动、多元反思，形成更多案例，服务于教师实践，验证已达成共识的正确性和有效性，在嵌入情景的观察与评价中，理解幼儿的学习与发展。

第二节　"五步循证"的幼儿行为 观察评价行动路径

区域教育学院学前教育首席教研员与区级骨干教师，及一线幼儿园教师组建成研修共同体，采用梯级带教结构（见图4-2），以提升教师观察评价幼儿的能力为共同目标和愿景，采用"做一项研究，带一支队伍"的方式，引领教师们开展基于"学习故事"的幼儿行为观察评价研修活动，将教师研修完全嵌入实践情景。

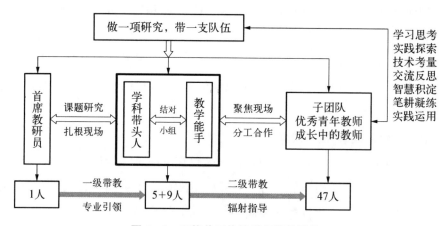

图4-2　研修共同体的梯级带教结构

该模式有助于教师们在共同学习、理解和运用"学习故事"开展幼儿观察和评价的过程中，经由专业学习、自我反思、同伴互助、专业引领的循环过程，深入理解什么是"学习故事"，什么是幼儿行为观察和评价、如何运用"学习故事"开展幼儿行为观察评价、如何发挥幼儿行为观察评价的现实作用，以此不断发展专业自觉，提升专业能力，增长实践智慧。

为了增强实践探索的针对性与有效性，研修共同体化整为零，鼓励教师们按兴趣自由组合成子团队。子团队由学科带头人带队，分别聚焦"幼儿游戏中的'学习故事'""幼儿运动中的'学习故事'""幼儿学习中的'学习故事'"开展重点突破。研修共同体每两周利用一天时间深入幼儿园一线，开展现场研修，各子团队承担不同的研修任务。教师研修共同体，不是教师群体的简单叠加，而是一种促进机制，推动教师们在行动中沉入实践现场、化解观察疑惑、科学循证解读、聚焦幼儿发展、形成"学习故事"，实现学习方式和实践方法的重构，并反哺实践，促进幼儿发展，实现自身专业能力的提升。

一、"学"，汲取专业知识

教师自身要成为终身学习者，才能在教育改革的潮流中勇往直前。教师在运用"学习故事"提升观察评价幼儿能力的过程中要知道：什么是"学习故事"？如何运用"学习故事"对幼儿开展观察评价？观察的方法有哪些？如何加以合理运用？如何看见、理解和评价幼儿的学习行为？如何基于观察和评价给予幼儿发展支持？

对于教师来说，在行动中研究、在研究中学习是相辅相成的。教师的学习应是做中学，在实践过程中全身心地投入学习。研修共同体中的团队领衔人要从根本上带领教师实现从理念到行为的一系列变革，实现教师观念和行为的共同改变。为此，教师共同体研修，打破常规培训方式，有目的、有计划、有组织地带领教师们开展专业学习。

（一）"学习故事"的系统学习

研修共同体 14 位核心成员中，有 13 位仅仅听说过"学习故事"，对于"学习故事"的研究和实践运用是茫然的。为了解决教师们的困惑，项目领衔人用专题讲座"'学习故事'——让教育从读懂幼儿开始"开启了研修的第一课。随后，全体成员照着阅读书单进行阅读，并通过沙龙、论坛等方式，分享大家的阶段性学习成果与收获。

研修共同体推荐了关于"学习故事"的专业书籍：《另一种评价：学习故事》《用专业的心，让观察更有温度——幼儿园"学习故事"的本土化实践研究》《发现儿童的力量："学习故事"在中国幼儿园的实践》。我认真阅读这些书籍，做着笔记，感叹着"学习故事"的魅力和力量。通过聆听讲座，与团队成员进行阅读讨论和分享，我对"学习故事"有了越来越深入的了解。

其中，有一句话让我特别感动，那就是"相信每一个幼儿都是有能力的学习者"。我不断反思日常实践中存在的问题，反思我有没有真正地倾听和思考幼儿的需要。虽然我很熟悉"有效教学""尊重幼儿""儿童视角"这些词汇，但我始终没有真正理解其内涵。现在看来，这需要每一位教师能在日常活动中关注幼儿的发展、兴趣、与环境的互动方式。教师要在活动中观察、解读和理解幼儿，提供适宜的支持。深入阅读学习后，我觉得任重而道远。

（上海市宝山区小精灵幼儿园　胡蓉花）

理论学习，是研修的首要任务。研修共同体的学习成长，需要依据共同的目标和期望，开展专题学习，共同分享。

（二）"幼儿学习与发展"的专业学习

研修共同体需要强化《3—6 岁儿童学习与发展指南》等纲领性文件的学习，才能比较系统、深入地把握幼儿学习与发展的年龄特点和心理规律。

为此，研修共同体采用任务驱动的方式，梳理"领域发展表现性行为导引单"，提出学习清单。教师应拥有围绕关键领域和发展要素，把科学指标梳理清晰并加以运用的能力。在梳理的过程中，教师首先要在大量阅读的基础上精读，清晰地知道每一条指标的规范表达；其次，教师要养成教育科研的规范、严谨意识，经过梳理整合的表现性指标必须经过科学论证，以确保信度和效度。这样的学习过程，推动教师在读、悟、思、行、辨的层层递进下，加深对幼儿发展规律和特点的认识。

带着学习任务，我和团队成员围绕幼儿运动领域核心经验展开了深入学习。我们主要依据《3—6 岁儿童学习与发展指南》《学前儿童健康学习与发展核心经验》梳理出幼儿运动发展的观察要点，构建基于"学习故事"的"3—6 岁幼儿运动表现性水平描述（动作发展篇）"。在学习、梳理、论证的过程中，我们经历了"表现性水平描述"4 个版本的迭代改进。项目领衔人带着我们一起采用特尔斐法对"表现性水平描述"进行论证。得到专家意见后，我们整理、归纳及统计，做好"表现性指标描述"的优化调整工作。任务驱动性学习有了成果，科学的方法确保成果的信度和效度，这对于我们而言不仅是一个深度学习的过程，更是一种专业底气的积淀。

附：3—6 岁幼儿运动表现性水平描述（动作发展篇）

线　索	要　素	观察要点	阶　段　一	阶　段　二	阶　段　三
运动能力（运动方式与基本动作）	1. 具有一定的平衡能力，动作协调、灵敏	攀登	➢ 攀登较低的器械、攀登架等	➢ 在各种攀登设备上自由地攀登	➢ 在攀登设备上完成各种手的交替、脚的交替等动作，攀登滑梯的斜坡等

续　表

线索	要　素	观察要点	阶　段　一	阶　段　二	阶　段　三
	2. 具有一定的力量和耐力	钻(正面钻、侧身钻)	➢ 正面钻 ➢ 钻过小山洞 ➢ 钻过 70 厘米高的障碍物(橡皮筋或绳子)	➢ 侧身钻过直径为60厘米的圈 ➢ 钻过长长的小山洞 ➢ 侧身钻	➢ 灵活钻过各种障碍物
		爬(手膝着地爬、手脚着地爬、匍匐爬、侧身爬、仰面爬、攀爬)	➢ 手膝着地协调地爬 ➢ 手脚着地爬 ➢ 倒退爬 ➢ 爬过低矮障碍物	➢ 能以匍匐、膝盖悬空等多种方式钻爬 ➢ 手脚协调地爬 ➢ 爬越障碍物等 ➢ 猴子爬 ➢ 肘膝着地爬	➢ 能以手脚并用的方式安全地爬攀登架、网等 ➢ 协调地爬越障碍物 ➢ 不爬出障碍物，在障碍物规定的空间内爬越等 ➢ 各种爬行动作
		平衡(静态平衡、动态平衡)	➢ 能沿地面直线或在较窄的低矮物体上走一段距离	➢ 能在较窄的低矮物体上平稳地走一段距离 ➢ 闭目行走5—10步不跌倒 ➢ 窄道移动(宽15—20厘米) ➢ 在高20—30厘米的平衡木上进行窄道移动 ➢ 原地转3圈，不跌倒 ➢ 以单脚为轴转动180度	➢ 能在斜坡、荡桥和有一定间隔的物体上较平稳地行走 ➢ 在间隔物体上窄道移动(砖、木板、硬纸板等) ➢ 对抗性平衡 ➢ 在晃动或活动性的器械上保持身体平衡
		走(自然步走、踮脚向前走、跨过障碍物走、蹲走、持物走、变换速度与方向走)	➢ 在指定范围内四散走 ➢ 模仿各种动物或人物走的姿势 ➢ 听信号向指定方向走 ➢ 一个跟着一个走 ➢ 跨过小障碍物走 ➢ 拉或推着小物体走 ➢ 能行走1公里左右(途中可适当停歇)	➢ 听信号有节奏地走 ➢ 用脚尖走、蹲着走 ➢ 高举手臂走 ➢ 在物与物之间或者平衡板上走 ➢ 倒退步走、上下坡走 ➢ 能连续行走1.5公里左右(途中可适当停歇)	➢ 按队列整齐走 ➢ 听信号变速或变换方向走 ➢ 能连续行走1.5公里以上(途中可适当停歇)

续 表

线索	要 素	观察要点	阶 段 一	阶 段 二	阶 段 三
		跑(跨大步跑、侧身跑、短距离跑、四散追逐跑、在窄道的小路上跑、躲闪跑)	➢ 一个跟着一个跑 ➢ 学"大马"跑 ➢ 在指定范围内四散跑 ➢ 100米慢跑及走跑交替 ➢ 圆圈跑 ➢ 听信号向指定方向跑 ➢ 能快跑15米左右 ➢ 分散跑时能躲避他人的碰撞	➢ 绕障碍跑 ➢ 在不固定范围内四散追逐跑 ➢ 接力跑 ➢ 100—200米慢跑，或200—300米走跑交替 ➢ 能快跑20米左右	➢ 听信号变速跑或改变方向跑 ➢ 四散追逐跑、躲闪跑 ➢ 慢跑或走跑交替200—300米 ➢ 在较狭窄的小道上跑 ➢ 高抬腿跑、大步跑 ➢ 能快跑25米左右
		跳(原地向上纵跳、立定跳远、助跑跨跳、双脚连续向前跳、单双脚轮换跳、纵跳触物、由较高处往下跳)	➢ 能单脚连续向前跳2米左右 ➢ 能身体平稳地双脚连续向前跳 ➢ 原地纵跳的同时用头触物	➢ 能单脚连续向前跳5米左右 ➢ 原地纵跳用手触物 ➢ 单双脚交替跳 ➢ 由较高处往下跳 ➢ 能助跑跨跳过一段距离，或助跑跨跳过一定高度的物体	➢ 能单脚连续向前跳8米左右 ➢ 行进向前侧跳 ➢ 向前、向后、向左、向右变向跳 ➢ 跳蹦床、跳绳 ➢ 转身跳 ➢ 助跑跨跳
		投掷(自抛自接、互抛互接、合作抛接、投远、投准、投移动物体、滚球)	➢ 能单手将沙包向前投掷2米左右 ➢ 能双手向上抛球 ➢ 自然地往前上方或远处挥臂掷物(如小沙包、小球、小纸镖等)	➢ 能单手将沙包向前投掷4米左右 ➢ 能连续自抛自接球 ➢ 肩上掷远 ➢ 将物体投向指定目标 ➢ 单手肩上投掷 ➢ 滚球击物	➢ 能单手将沙包向前投掷5米左右 ➢ 能击中4—5米远的目标物 ➢ 将小物体投进目标物内 ➢ 半侧向转体肩上投远 ➢ 能躲避他人滚过来的球或扔过来的沙包 ➢ 能连续拍球
		悬垂	➢ 能双手抓杠悬空吊起10秒左右	➢ 能双手抓杠悬空吊起15秒左右	➢ 能双手抓杠悬空吊起20秒左右

运动负荷关注点：

（1）生理负荷

从疲劳程度、面色情况、汗量多少、呼吸速度、精神情况等方面来考量幼儿的生理负荷。

轻度疲劳：面色——稍红　　　　　汗量——不多

　　　　　呼吸——中速　　　　　　精神——愉快

中度疲劳：面色——相当红　　　　汗量——较多

　　　　　呼吸——较快、加深　　　精神——略有倦意

非常疲劳：面色——十分红或苍白　汗量——大量出汗

　　　　　呼吸——急促、节奏紊乱　精神——疲乏

观察与指导：关注幼儿面色、汗量、呼吸、精神状况。提醒幼儿运动后进行放松活动，引导幼儿根据自身状况及时调整运动方式和运动量。引导幼儿到休息处主动擦汗、饮水、补充水分，注意休息，防止运动过度。

（2）心理负荷

对注意、情绪、意志从一级到五级不同程度的表现给予教师可参照的标准。

注意：一级——很集中　　　二级——集中　　　三级——一般

　　　四级——不太集中　　五级——分散

情绪：一级——很高涨　　　二级——高涨　　　三级——一般

　　　四级——不太高涨　　五级——低落

意志：一级——很努力　　　二级——努力　　　三级——一般

　　　四级——不太努力　　五级——疲沓

观察与指导：关注幼儿是否有不良的生理反应。引导幼儿从运动量较小的活动开始，循序渐进。对于运动强度过大的运动适度进行调节。

（上海市宝山区盘古幼儿园　周珏红）

教师学习的方式除了惯用的讲授式、培训式、单纯阅读式外，教师带着任务学习，对学习成果进行检验，能带动他们在学习深度、广度上产生变化。专家支持、技术支撑，能为教师提供科学、规范、严谨的方法引领。当遇到学习问题时，专业人员指导，研修共同体商议，会让教师拥有学习的归属感和成就感。将学习方式的变革与教师的专业成长、心理成长结合起来，改变教师的学习方式与认知结构，夯实教师的专业素养。

（三）"观察方法"的专业技术学习

掌握科学的观察方法有助于增强教师观察的权威性和专业性，使其具备证

据意识和专家思维。幼儿教师需要掌握不同的观察方法，系统性地学习规范的观察行为。项目团队借助专家的力量，为教师们开展关于幼儿观察与观察方法的专题讲座。同时，教师们借助文献开展"观察方法"的检索学习，学习成熟的观察方法、观察技术、观察工具、观察经验等，打破局限，启发借鉴，迁移运用。

我们在观察与记录的过程中，对"为什么观察""有哪些观察方法""选择什么样的观察方法"等问题感到疑惑。为了从观念上厘清认识，提高对幼儿的观察能力，我们需要找到可执行的观察方法。在跟着专家系统学习的同时，我们开始大量阅读文献，研制出自己适用的观察工具——"基于'学习故事'的幼儿游戏观察记录表"。

该观察工具的优点：表格的上半部分可以让教师记录幼儿游戏的行为过程，收集证据与线索，引导教师"怎么看"；表格的中间部分给了教师领域核心经验的观察导引，让教师知道"重点看什么"；表格的下半部分，运用有助于学习发展的心智倾向，引导教师思考"看懂了什么"。

附：基于"学习故事"的幼儿游戏观察记录表

日期：_____　班级：_____　对象：_____　游戏类型：_____　观察记录者：_____

时　间	场　景	涉及对象	游戏材料	行为实录	备　注

行　为　分　析																			
象征行为				构造行为				替代行为				合作行为				规则行为			
1	2	3	4	1	2	3	4	1	2	3	4	1	2	3	4	1	2	3	4

核心要素分析				
归属感	健　康	探　究	贡　献	沟　通
感兴趣	在参与	在困境中坚持	承担责任	与他人沟通

"核心要素分析"可填不同观察对象，用代号表示，并依据观察现场简单填写。

"备注"中可撰写现场分析，根据具体内容填入"核心要素分析"的结果。

此观察表支持扫描观察法、定点观察法、追踪观察法。

象征行为：使用替代物并扮演角色的方式，模拟社会生活的假装或想象行为。

构造行为：手工、建筑等艺术创作。

替代行为："以物代物"的自发行为，替代物一般有形状和功能相似的物品，以及形状不同、功能相似的物品，多功能物品等。

合作行为：有共同目标，有组织，有分工，有领导，有承担任务，互相帮助等，与同伴一起积极克服困难，最大化实现目标。

规则行为：自发地遵守规则和秩序，或由活动的需要制订规则的相关行为。

（上海市宝山区杨泰三村幼儿园　沈春兰）

（四）"瓶颈突破"的研究性学习

教师的学习并不是与实践行动割裂的，在学习中行动、在行动中学习，在学习中反思、在反思中学习。当学习成为教师的内在需要，学习就能唤醒强大的内驱力。在"学做晒用"研修行动中，教师的研究性学习贯穿始终，伴随着实践探索的过程持续进行。

2019年的冬天，我们子团队的研究重点"以'学习故事'为载体提高教师课堂观察能力的行动研究"进入到中期论证阶段，但是研究一度停滞不前。原本集体教学活动中"学习故事"的研究是最能体现本土化特色，但是研修共同体成员却对其充满困惑。"在集体教学中，我们观察的是幼儿个体还是群体？""如果在集体教学中看不到幼儿的精彩时刻，那是否要放弃这次观察？""集体教学活动适合幼儿连续性'学习故事'吗？"等等。

为了解答困惑，大家一同回顾了三个学期行动研究的点点滴滴。继而，在"不忘初心，增长发现力量——幼儿'学习故事'再认识"研修讲座中，项目领衔人提出三个问题：我们的研究正在解决什么问题？回顾行动研究的经验和体会，教师的收获是幼儿需要的吗？遇到瓶颈，哪些途径可以成为突破的方向？

同时，她通过理论引领再次解读"学习故事"的本质，诊断研究阶段的症结，为我们厘清后续研究的思路，引发了大家的共鸣。通过这次回归理论的学习，我们对研究推进有了新的认识。

研修中要一直坚持理论学习。在行动研究中，我们需要学习、反思，要有批判性思维，对于前沿信息的了解和学习应贯穿整个研究过程。

（上海市宝山区小鸽子幼稚园　韩莉）

一个只会"做"的老师，一辈子只能做教书匠。如果在"做"的间隙能时常忙里偷闲，"坐"下来静心思考、学习和"写作"，那他就能不断丰富自己的实践智慧，提升自己的专业水平。[①] 所以，研修共同体的学习伴随行动研究全过程，大家需要阶段性地静下心来学习、思考、交流，进行批判性反思，提升专业化水平。

（五）"概念澄清"的深度学习

"学习故事"涉及一个非常重要的概念，即"心智倾向"。心智倾向包含 5 个领域（感兴趣、在参与、在不确定的困难和情境中坚持、承担责任、与他人沟通）、3 个维度（准备好、很愿意、有能力）。在经历"学习故事"的相关理论学习，充分了解各方面专家对心智倾向的理论解读后，教师们认识到"学习故事"关注的有助于学习的心智倾向，与《3—6 岁儿童学习与发展指南》中的"尊重幼儿的个体差异，用发展性评价理念促进幼儿成长，注重对幼儿一生发展有益的学习品质的养成"的理念是一致的。这为教师们理解幼儿的学习与发展提供了参考。

基于"学习故事"关注的心智倾向，结合《3—6 岁儿童学习与发展指南》《上海市学前教育课程指南（试行稿）》的学习，我们将反映幼儿学习品质的典型行为进行罗列，帮助团队教师正确理解。

在梳理幼儿心智倾向表现性水平描述前，需遵循以下原则。

1. 科学性

在对心智倾向进行梳理时，我们努力做到与纲领性文件《3—6 岁儿童学习与发展指南》《上海市学前教育课程指南（试行稿）》《上海市幼儿园办园质量评价指南（试行稿）》《高宽课程》等精准对标，使我们的研究有据可依。

---

① 冯桂群.做，坐，作——对提升教师"实践性智慧"行为模式的思考[J].教育实践与研究，2013(28)：54－55.

2.融合性

"学习故事"是从新西兰引入的评价方法,评价内容与我国学前教育评价内容并不完全相同。如何将"学习故事"的心智倾向与《3—6岁儿童学习与发展指南》所关注的幼儿学习品质相契合,也是我们一直在思考的。所以,在某些发展水平的描述中,我们尽量以较为精准、朴素的语言来表述。

3.灵动性

我们采用"准备好""很愿意""有能力"三个维度来描述幼儿的表现性水平,它是一种导引,帮助教师真实面对幼儿的表现,给出客观的评价。

在学习与研究的过程中,我们经历了表现性水平描述4个版本的迭代优化。特尔斐法为我们提供了专业的方法,通过专家论证,我们形成了观察分析导引。

附:幼儿心智倾向的观察分析导引单(表现性水平描述)

维　度	准 备 好	很 愿 意	有 能 力	出　处
感兴趣	对活动有兴趣,有参与运动的愿望。	愿意并主动参加活动,体验乐趣。	在活动中积极、快乐,大胆尝试。	《3—6岁儿童学习与发展指南》
在参与	情绪比较稳定。	保持愉快的情绪。	能随着活动的需要转换情绪和需要。	《3—6岁儿童学习与发展指南》
	一段时间内专注于活动,不受干扰。	受到干扰中断后,能继续回到原来的游戏中。	有干扰时,也能专注于自己的活动。	《上海市学前教育课程指南(试行稿)》
遇到困难或不确定情境能坚持	当遇到困难准备放弃时,在成人提醒和引导下能继续下去。	遇到困难不放弃,愿意再试一试,并乐在其中。	敢于克服困难,主动解决问题,有所发现时感到兴奋和满足。	《3—6岁儿童学习与发展指南》
	重复某一行为解决问题,即使不奏效。	寻求他人帮忙解决问题。	坚持某一种方法或尝试几种方法,直到成功地解决问题。	《高宽课程》
	运用自己的已有经验解决问题。	迁移别人的经验解决问题。	大胆尝试新方法,创造性地、灵活地解决问题。	《高宽课程》
与他人沟通	愿意表达自己的需要和想法,必要时能配以手势动作。	愿意与他人交谈,喜欢谈论自己感兴趣的话题。	愿意与他人讨论问题,听不懂或有疑问时能主动提问。	《3—6岁儿童学习与发展指南》

续　表

维　度	准备好	很愿意	有能力	出　处
	能看着别人的眼睛说话。	对教师的提问或别人的疑问有回应。	别人讲话时能积极主动地回应。	《3—6岁儿童学习与发展指南》
	能清晰表达活动中的规则。	能主动提醒同伴遵守规则。	主动与同伴协商制订新规则。	《3—6岁儿童学习与发展指南》
	想加入同伴的活动时，能友好地提出请求。	会运用介绍自己、交换玩具等简单技能加入同伴活动。	能想办法召集同伴和自己一起活动。	《3—6岁儿童学习与发展指南》
	愿意倾听别人与同伴的想法。	愿意接受同伴的意见和建议。	知道别人的想法和自己不一样，能倾听和接受别人的意见，不能接受时会说明理由。	《3—6岁儿童学习与发展指南》
承担责任	在提醒下，能遵守活动规则。	感受规则的意义，并能基本遵守规则。	理解规则的意义，能与同伴协商制订活动规则。	《3—6岁儿童学习与发展指南》
	能将物品放回原处。	能整理自己的物品。	能按类别整理好自己的物品。	《3—6岁儿童学习与发展指南》
	能参与活动的评价。	能对活动材料及行为进行简单的评价。	能对活动进行较准确的评价。	《上海市学前教育课程指南（试行稿）》
	喜欢承担一些小任务。在成人提醒下愿意完成任务。	敢于尝试有一定难度的活动和任务。知道接受了的任务要努力完成。	主动承担任务，遇到困难能够坚持，不轻易求助。能认真负责地完成自己所接受的任务。	《3—6岁儿童学习与发展指南》

（上海市宝山区小海螺幼儿园　　陈月菲）

学习是教师基于自身工作实践和已有知识经验，主动发起并自我管理，以提升教育教学有效性为最终目的的专业发展活动。这样的学习是研修共同体提高研修质量的有力保障，更是研修共同体中的教师实现自我价值的内在需要。我们应基于研修共同体的目标和期望，建构有利于教师学习和自主学习的支持系统，营造全员学习的氛围。

二、"做"，历练专业能力

"做"的过程，必须扎根幼儿活动现场。教师应把真实情景中的观察历练作为实践土壤,运用"学习故事"中注意、识别、回应的方法指导,进行观察、分析、支持的实践探索,在每一次的观察分析和"学习故事"的撰写中,实现"田野式生长"。无论是现场的观察实践活动,或是事后的故事撰写与反思,只有围绕要解决的问题去行动、去思考,才能发挥行动的价值。以下七个环节的研修和历练可以帮助教师逐步实现能力增长和智慧积淀。

（一）明确研修主题,确定观察要点

每一场研修都要做到主题清楚、目标明确、环节清晰、任务明确,这既可以检验团队研发的观察工具是否有效,同时也确保团队成员能通过真实的行动,开展真观察、真研究,获得真历练和真体验。为了发挥团队成员的主动性,子团队会轮流承担研修活动任务。承担任务的子团队需在一周前,向团队成员公布研修计划,让大家做好预习和准备。活动当天,他们则需向全体成员发布研修任务清单,进行活动安排以及观察工具的解读,确保大家有计划、有步骤、有方法地进入当天的研修活动。

幼儿运动观察与评价的研修解读

1. 观察方法

追踪观察法

教师根据观察目的和需要,在现场确定 1—2 名幼儿进行重点观察,了解幼儿在活动中的发展水平。通俗地说,幼儿走到哪,教师跟到哪。

追踪观察法的优势

教师可以不固定地点,始终跟随幼儿,做到有重点地个别观察,收集幼儿在运动中的过程信息。

教师能在不同场景,对同一个或几个幼儿进行多次或持续观察。多次的追踪观察能够让教师看见幼儿活动的过程、行动的线索,以此作为分析幼儿发展水平的证据。

2. 观察工具

基于"学习故事"的幼儿观察评价研修,在教师充分学习的基础上,形成了一套观察工具,我们称之为"观察导引单",起到观察脚本的作用。其中,"3—6 岁幼儿运动表现性水平描述（动作发展篇）""幼儿心智倾向的观察分析导引单（表现性水平描述）"可以作为幼儿行为分析的参考指引。"基于'学习故事'的幼儿运动观察表"可以作为观察记录的工具。

基于"学习故事"的幼儿运动观察表

日期：_____ 年龄段：_____ 幼儿姓名：_____ 运动区域：_____ 观察记录者：_____

时　间	运动过程实录	识别：看到了什么？	
		归属感	
		健　康	
		探　究	
		沟　通	
		贡　献	
		运动能力	
幼儿访谈	教师的问题：	幼儿的回答：	

追踪观察后，教师如有疑问，可对幼儿进行访谈。通过倾听幼儿的解释，教师可以澄清观察中的主观判断或盲点，了解幼儿的想法，客观地进行分析和解读。

3. 注意事项

安全：追踪观察前，教师需要先做全体扫描观察，确保所有幼儿都在自己的视线范围内。

对象：观察前，教师可以明确今天追踪观察的幼儿名单。如果对观察对象不确定时，教师可以在不同运动区域先扫描观察幼儿的现场运动情况，然后对进入视野的个别或一组幼儿的运动状态进行考量，锁定追踪观察的对象。

站位：在追踪观察过程中，教师的站位应尽量选择幼儿活动区域的宽敞位置，不影响观察对象的运动表现。在带班过程中，教师不能因追踪观察忽视其他区域幼儿的运动情况。

摄像：视频是一种真实、形象的记录方式，可以最大限度保留幼儿行为事件发生的情境，方便教师仔细观察行为细节。

证据：在摄像的过程中，教师要考虑拍摄内容和拍摄方法。

时段追踪，将观察对象的运动过程分时段追踪拍摄，获得时间列表。通过多个时段不同镜头跟踪观察对象在运动中的表现，形成具体观察信息。

情节追踪，对观察对象的某个运动情节进行追踪观察，收集观察对象在某个运动情节中的行为、表情、语言，以及与运动材料互动的过程事件。另外，对同一场景下多个事件同时进行连续记录，以体现持续关注以及关注内容的持续性。

倾向：观察过程不应受观察者价值判断和已有偏见的影响。

（二）进行现场观察，收集真实信息

教师们走进幼儿活动场景中，对现场幼儿的活动进行不少于 30 分钟的观察，并用手机等设备拍摄幼儿活动的全过程。教师应事先确定观察脚本，到了观察一线，将关注点聚焦到能体现幼儿在该活动区核心经验和关联经验的行为、场景以及活动材料上。比如，红老师在观察中写道："在运动平衡区中，大班男孩涵涵吸引了我的注意。偌大的攀爬运动区域，涵涵始终在跟一个木质的、立体三角形的'山坡'较劲，看起来很执着。于是我拿起手机，走入了这个男孩的运动世界。"我们可以看出，有准备的教师能够有目的、有方法、快速有效地捕捉观察对象，实现有意义观察。

初学观察时，教师们可以在现场开展同伴协同观察，一般建议 2—4 人为宜。协同成员共同观察同一个或一组幼儿，分别承担观察记录和观察拍摄的任务。因为观察者主观经验和兴趣的不同，协同观察时，大家会产生视角上的差异，这往往是较好的学习机会。教师可以多视角解读幼儿，对幼儿的认识更为客观公正。

由于真实的幼儿活动现场，情况变化多、信息量大，为了尽可能有效观察和捕捉信息，教师可以采用视频录制、实时记录、即时访谈等信息收集方式。

1. 视频录制

教师用手机全程定点或定人进行跟踪拍摄，记录幼儿活动过程。这样的方式有助于清晰记录幼儿学习的全过程，支持教师后期回顾、回看、分析细节。教师也可以利用视频进行时间取样分析或事件取样分析，在连续发生的时间轴上深入了解幼儿的学习发展轨迹。

2. 实时记录

教师定点或定人进行观察，运用观察记录表和要点提示进行简要、即时的记录。教师可以参照领域核心经验、"心智倾向表现导引单"，将观察到的关键信息记录在观察记录表上。后续，教师利用观察记录表信息，以及同伴现场拍摄的视频，对幼儿的行为与表现进行解读和分析。

3. 即时访谈

教师可以选择恰当的时间，与观察对象及相关人员针对现场观察进行必要的交流。学会倾听，收集佐证信息，澄清主观判断，是观察中的有力举措，有助于教师建立儿童视角，收集多元信息。访谈内容包括以下几方面。

（1）了解被观察幼儿自己的活动感受，可能存在的困难、需求等。

（2）倾听被观察幼儿的玩伴感受、伙伴评价。

（3）访谈观察对象的主班教师。当观察者本就是主班教师时，那就是一个自问、自省的过程。观察者需要与主班教师沟通幼儿平常的行为习惯、个性特质、家庭背景、类似活动或同领域活动中的日常表现等，以便对幼儿作出科学客观的分析。

（三）撰写观察记录，客观表达观察信息

现场观察结束后，教师们需对现场的观察内容进行梳理，书写白描式观察记录。所谓白描式观察记录，是指从现场观察所拍摄的视频素材中，挑选出最具发展价值的素材，用最精练的、不加渲染的文字进行观察记录，旨在让教师有过程、有逻辑地梳理出幼儿活动表现的总体脉络，厘清观察表达的总体思路。

如，在涵涵翻越"山坡"的观察记录中，教师娓娓道来："你双手紧紧地抓住坡顶，双脚使劲向上一蹬，使出了吃奶的力气。"需要质疑的是，"使出吃奶的力气"的表述不客观，这是教师的主观感受，而且表达也较为口语化。项目领衔人让教师们仔细翻看录像，客观解读幼儿的表现。通过回看和讨论，教师们把这句话调整为"你屏住呼吸，涨红脸，眼睛盯着前方，四肢紧贴斜坡，控制正在下滑的身体"。又如，"你在坡面上坚持了数秒，再次滑落下来"。大家读了以后，都认为缺少关键信息，为什么在坡面上坚持？数秒是多长时间？幼儿此时在做什么？回看视频后，大家达成新的共识："你的身体摇晃起来，你在坡面上停了下来，控制身体不再摇晃，并坚持了 5 秒。"再如，"你在坡面上几次挣扎后，还是由于力不从心，又回到了地面"，教师们讨论："几次挣扎""力不从心"是谁的行为？谁的判断？这样的质疑持续推进研修进程，加深大家对幼儿行为的认识。在不断追问下，教师们把幼儿行为描述调整为"你用额头顶住坡面，保持手臂屈曲撑在坡面上，抬起右脚用力往上蹬，蹬了 3 次之后，从坡面滑落下来"。这样的描述，让我们看到一个"努力攀登，勇于挑战，但身体控制力和协调性不足的真实攀登者"。

学会客观地表达所看到的、真实的、生动的、富有价值的幼儿行为，并不是一蹴而就的。教师需要在一次次的研修历练中，将经验上升为智慧，学会从观察素材中提取信息，学会从字斟句酌中准确描述幼儿的现场行为。我们来看一看，这个案例最后形成的白描式书写记录。

征　　服

镜头一：手脚并用

你身体前倾，撅起屁股，双臂微曲，双手紧紧抓住坡顶，双脚使劲向上蹬。眼看就要到坡顶了，你停了下来。你屏住呼吸，涨红脸，眼睛盯着前方，四肢紧贴斜坡，控制正在下滑的身体。持续了 10 秒左右，你顺着斜坡，慢慢地滑落下来。

镜头二：借用绳索

你拿起斜坡上挂着的绳子，双手用力拽紧，直立起身蹬腿上坡。接着，你拉紧绳子，小脸憋得通红，双脚直直地站立在坡面上。然后，你双脚交替往斜坡上蹬。到达半坡后，你弓腰、直腿、双手拉绳停了下来。你在坡面上僵持了一会，右脚一打滑，从坡面上滑落下来。

镜头三：重新来过

你没有休息，重新用双手钩住坡顶，屈肘撑在坡面上，双腿屈膝交替跪式往斜坡上爬。接着，你用额头顶住坡面，保持手臂屈曲撑在坡面上，抬起右脚用力往上蹬，蹬了 3 次之后，从坡面滑落下来。

镜头四：绳手并用

你右手拽紧绳子，左手抓住坡顶，双脚弯曲交替向上爬。这时，你的身体摇晃起来，你在坡面上停了下来，控制身体不再摇晃，并坚持了 5 秒。你双手拽住绳子没有松手，还在尝试用力向上攀爬。最终，因为力不可支，你喘了一口气，停了下来，滑到地面。

镜头五：模仿同伴

这时，来了一个男孩，他双手搭住坡顶，脚尖一踮，翻过坡顶，从另一侧坡面滑了下去。你模仿他的样子，双手搭住坡顶，踮起脚尖向上爬，依旧滑落下来。

镜头六：借力支撑

你身体紧贴坡面，双手抓住坡顶，左脚弯曲，右脚踩在斜坡一侧的木质台阶上，脚尖用力一蹬，身体扑上斜坡，挂在坡顶上。接着，你压低身体重心，用手肘钩住坡顶，侧身翻过坡顶，趴在斜坡的另一面。最后，你从另一侧坡面上缓缓滑落，脸上露出了笑容。

（上海市宝山区盘古幼儿园　周珏红）

白描就是用客观、具体、朴素的文字描述幼儿的行为，不添加任何个人主观判断与猜想。观察者可以依据视频资料，进行时间取样或事件取样，截取和描述有价值的内容。在描述过程中，可以采用第二人称，让描述带有情感色彩，让幼儿倾听时感到亲切。

（四）化解刻板印象，开展倾听和访谈

在书写白描式观察记录后，教师需要完成对观察信息的分析。教师可以在观察后进行一些访谈，解答观察记录中的疑惑。比如，关于涵涵翻"山坡"的观察，教师就针对自己的疑惑，去做了相应的访谈。

观察者：我很想了解涵涵是怎样的孩子，他当时从斜坡上滑下来时的感受如何。

与班主任的访谈：涵涵的运动协调性需进一步发展。涵涵很执着，只要认准的事情都会努力去做，也特别渴望得到老师的关注。

与涵涵的访谈：力气不够的时候，我就会滑下来，但是我不怕，只要不怕就会成功。

倾听和访谈是基于幼儿视角，尊重幼儿的立场，树立对幼儿的人文关怀。观察与记录都是为了幼儿的发展，教师要避免刻板印象，避免对看到的行为即刻作出解释，防止将自身经历、经验直接投射，随意替幼儿贴"标签"，避免单一维度分析问题。教师应该将单一场景下幼儿的行为表现与其过往表现、家庭表现、个体差异进行综合考虑，一些行为是否在过往或者其他环境里有稳定的表现，综合考量，得出更为客观的结论。

（五）分析幼儿发展，开展循证解读

教师们认为，分析幼儿发展是幼儿观察和评价中的难点。研修共同体应在实践中引导教师们认识到，分析幼儿发展需要有据可循，要避免武断。比如，可以从对关键领域经验的解读、对学习发展线索的解读、对学习品质的解读、对学习困难的解读等方面分析幼儿发展。具体来说，观察记录中的信息素材和访谈

材料是证据的来源;《3—6 岁儿童学习与发展指南》或教师梳理的幼儿表现性行为描述的指引,是发展取向分析与理解的参照;解读分析中的共情,悦纳幼儿是认识和读懂幼儿发展的情感关联。在这样的价值引导下,看看教师们对幼儿的发展分析。

我们尝试参考基于"学习故事"的"3—6 岁幼儿运动表现性水平描述(动作发展篇)",对幼儿运动能力的核心经验进行分析。

平衡能力:你能以手脚并用的方式攀爬和翻越斜坡,能不断尝试多种攀爬翻越的姿势,具备一定的身体平衡能力和动作协调能力。

力量和耐力:在手脚并用、躬身屈膝攀爬的过程中,你多次因体力不支滑落到地面。你的手臂力量与脚部力量还有待加强,需持续锻炼身体的灵活性。

我们又尝试利用"幼儿心智倾向的观察分析导引单(表现性水平描述)"对幼儿的心智倾向进行分析和识别。

我愿意——归属感:你对攀爬运动具有强烈的挑战兴趣,能积极、快乐、持续地投入,不会因为失败而放弃。

我投入——身心健康:在多次的攀爬过程中,你表现出较好的心理负荷能力,运动情绪健康、注意力集中、意志力强,不断变换方式,积极地投入运动。你具有很强的适应能力和调节能力。

我坚持——在探究:在翻越小山坡的过程中,你多次失败,却始终不放弃。你努力探索攀爬的多种方法:手脚并用、借用绳索、绳手并用、模仿同伴、借力支撑,并最终获得了成功。你遇到挑战能坚持,尝试多种方法解决问题,表现出强烈的探究兴趣。

基于证据取向、发展取向、过程取向和关怀取向的科学循证,是分析幼儿发展的充分条件与必要条件。

(六) 反思教育行为,评估与思考支持幼儿下一步发展的计划

教师分析幼儿发展,开展循证解读,学会基于幼儿立场创设课程环境、投放活动材料。基于解读分析作出评估,教师需要思考下一步学习的计划和可能性,思考如何回应幼儿的发展需要。回应要考虑两个维度,即当下支持和后续支持。

1. 当下支持:教师可以即刻实施的支持行为

发现闪光点:你在运动中表现出勇敢、顽强、勇于挑战、积极探索、不惧困难的良好品质，我们应给予充分的肯定，并与大家分享你的故事。

学会等待：自主探究是一个自我建构的过程，当你面临一次又一次的失败时，你始终坚持，直至成功。我们应充分相信你，不干预、少指导、多欣赏，让你在不断尝试中找到适合自己的办法，积累有效的经验。

材料支持：我们可以投放运动百宝箱或者运动救助站之类的环境材料，让你在攀爬的时候，可以借助滚筒、垫板等材料辅助攀爬。

2. 后续支持：思考支持幼儿下一步发展的计划

亲历体验：加强你在运动中的力量和耐力练习，通过悬垂、攀爬绳索等运动锻炼上肢力量。

家园共育：将你的故事分享给你的家人，让他们也看见你的闪光点，知道你的需要，在家中和你一起开展力量锻炼游戏。

当下支持和后续支持的成熟思考，是教师对幼儿发展理解的持续进步，代表着教师开始站在幼儿现实需求的立场上考虑教育跟进，让教育追随幼儿的发展需要。

（七）形成“学习故事”，记录“观察与支持幼儿学习发展”的系统过程

研修共同体对“学习故事”进行本土化表达，形成自己的表达结构。文字表达的过程，是教师再反思的过程，帮助教师表达对幼儿的理解，思考对幼儿的发展支持。教师通过撰写“学习故事”，形成研修成果，为研修共同体提供分享交流的素材。

一般来说，在“学习故事”中，教师们需要关注背景说明，交代清楚观察方法、观察场景、观察时间和持续时间、观察对象的性别与年龄等。

其次，教师可以采用图文并茂的方式聚焦幼儿的活动，完整地呈现幼儿的互动轨迹或行为过程。

“学习故事”是观察与评价行动的成果，是研修共同体可以交流与分享的素材，能有效提升教师开展幼儿观察评价的能力。

三、“晒”，共享研修智慧

研修共同体是一种以教师自愿为前提，以“分享（资源、技术、经验、价值观等）、合作”为核心精神，以共同愿景为纽带，把教师联结在一起，互相交流、共同学习的学习型组织。[①] 因此，"晒"是团队研修学习的反馈和评估，成员合作研修成效的展示，是一个互动交流过程。国内研究者从知识扩散论角度理解知识共享，认为知识共享就是将个人层面的知识扩散到团队或组织层面，通过各种交流分享渠道使得个人知识为组织成员所共享的过程。因此，基于"学习故事"的研修，积极采用同伴分享、自我反思、互动讨论、导师引领等手段，创设教师之间、师幼之间、团队成员之间自主交流、实时共享、问题讨论、反思共鸣的机会。

(一) 随机讨论中的自主式"晒"

随机讨论中的"晒"，往往会由教师发起。在研修行动中，教师们为了形成对某一项内容的共识，会讨论协商，迁移研修经验。比如，一次研修过程中，两位老师共同观察一名幼儿的室内运动情况。为了能客观真实地记录幼儿的运动表现和发展现状，她俩及时交换意见，迁移团队研修中的实践经验和要求，从价值性、客观性及真实性上对观察内容进行筛选。首先，她们交流各自观察的内容，就如何筛选进行交流，认为观察的内容越聚焦越好，甄选观察信息应注重对观察片段进行科学截取；其次，认识和理解幼儿的发展，需要呈现相对完整的活动过程，所以观察信息需要呈现连续性；最后，避免在观察记录中加入主观判断。两人在随机互动和琢磨中，努力就共同观察的现场，筛选出幼儿的真实表现，并与团队成员进行分享。我们来看看她们是如何还原幼儿行为过程的。

你(诗韵)在攀爬布上拉住攀爬绳，转头向你右边的同伴说了声"开始"。你右脚向上踩，做好攀爬的准备，大声喊："拉，拉。"五个同伴在你的指挥下拉起攀爬布，但是云云没拉住，攀爬布向右倾斜。你在攀爬布上左右摇晃，双手紧紧抓住攀爬绳。你看了一眼云云，同时向旁边跨了一步保持身体平衡。等云云抓稳后，你左右手交替抓住攀爬绳，手脚并用向上攀登。当你攀登到最高处的时候，右脚滑落了。你回头看了下同伴们，她们对你说："诗韵加油。"你继续向上攀爬，但攀爬布太陡，你不断滑落。你跟同伴说："再往后拉一点。"同伴们往后退了一小步。你左右脚交替向上攀登，可还一直在原处打滑。同伴们继续给你打气，你双脚奋力一跳，右手放开攀爬绳去钩顶端的栏杆，但是没钩住，你慢慢地滑落了下来。

---

① 商利民.教师专业学习共同体研究[D].广东：华南师范大学,2005.

你脱下手套给雨琪,让她戴起来。同时你安排其他同伴拉紧攀爬布。你来到雨琪的位置,对身边的同伴说:"先放下来(指攀爬布),等雨琪上去。"在等待的过程中,你主动帮雨琪戴手套。在拉攀爬布的时候,你身体不时地往后退,拉紧攀爬布。同伴们学着你的样子一起向后退,拉紧攀爬布。在大家的共同努力下,攀爬布绷得直直的,雨琪拽紧攀爬绳,顺利爬到了顶端。接下来,同伴们轮流攀爬,在协助同伴们攀爬时,你总是喊着"拉""拉直""拉紧"的口令。在你的指挥下,大家都成功完成了攀爬。

第一轮攀爬结束后,又轮到你攀爬了。你站在攀爬布上抓住攀爬绳,双手交替向上攀登。同伴们后退、拉绳,把攀爬布拉得紧紧的。这一次,你成功了。随后,你慢慢滑落,同伴们配合着把布慢慢收回。

(上海市宝山区马泾桥新村幼儿园　李青　顾春燕　庞敏玉)

以上连续性的行为过程,清晰地呈现了一名幼儿在攀爬运动中的行为表现。当教师能通过文字清晰、简洁地将幼儿的真实行为刻画出来时,我们便能从观察信息和材料中,看见教师当下的观察能力、捕捉能力。

(二)团队研讨中的跟进式"晒"

需要指出的是,看见不等于看懂,了解不等于理解,教师应基于观察信息分享对幼儿的行为解读,当团队中呈现分歧时,在跟进式研讨中达成共识。

比如,案例中的两位教师就达成共识的观察内容,分别进行了幼儿运动发展的分析解读。虽然两个人看见的内容是相同的,但解读的视角却存在差异。

教师 A 的分析

你具有较好的平衡性,动作灵敏,双手有力。你能动作协调地在攀爬布上进行攀登;当攀爬布倾斜时,你能快速移动双脚,紧抓绳索,控制身体、保持平衡。你是一个热爱运动的女孩,在今天的攀爬运动中很积极。你努力向上攀登,积极组织同伴攀爬,具有很强的团队协作能力。

教师 B 的分析

你能在活动开始前就戴好手套,在攀爬的过程中紧紧抓住绳索,快速适应攀爬区域的难度挑战,表现出出色的自我保护和身体协调能力。你能在不确定的情境下专注于自己的攀爬活动,不轻易放弃。在整个攀爬过程中,你能与同伴协商,组织大家共同配合。你告诉老师,虽然你第一轮失败了,但你积极思考解决的方法,吸取失败的教训,积极协助同伴获得成功。

（上海市宝山区马泾桥幼儿园　李青　顾春燕　庞敏玉）

从两位教师的解读中,我们可以看到她们能根据实际观察到的行为,分析幼儿的发展现状。教师A分析了幼儿的动作发展、兴趣状态和关系处理等,教师B分析了幼儿的安全防护、运动品质、合作能力等。两人从不同视角进行的分析,给现场参与研修的教师带来了很多启示。当然,对幼儿的分析不能停留在百家争鸣的状态,我们还需要依据理论对幼儿的发展现状进行科学、合理的分析。

"学习故事"相关理论指出,"认知""技能""心智倾向"构成幼儿学习发展的稳固三脚架。教师们以此为基础,参照《3—6岁儿童学习与发展指南》,借助"3—6岁幼儿运动表现性水平描述（动作发展篇）""幼儿心智倾向的观察分析导引单（表现性水平描述）"等工具讨论如何从"看懂过程""发现能力""分析学习品质"几个维度分析幼儿的发展。大家通过共同研讨,得出了以下观点。

从"运动过程"来看,这里蕴含着幼儿对运动的认知经验:要合作,六名幼儿一起参与运动,一人攀爬,五人拉布,相互合作;要轮流,知道这项运动要轮流玩;要拉紧,如果小朋友没拉紧,布就软趴趴的,小朋友攀爬时,腿就使不上劲,爬不上去;要防护,诗韵挑战失败,换雨琪攀爬时,诗韵告诉雨琪要戴好手套,防护安全;共同后退拉紧,诗韵不时后退,找到拉紧攀爬布的方法,并启发其他小朋友,一起把攀爬布拉得紧紧的,帮助雨琪顺利攀登;经验迁移,因为有成功经验的借鉴,轮流而上的小伙伴都成功爬到了顶端。

从"运动能力"来看,诗韵具有较好的平衡力,动作协调、灵敏,在攀登过程中能完成各种手脚交替的动作。同时,她还具有一定的力量和耐力,拉住绳结,移动双脚控制身体重心,保持身体平衡;身体后倾,控制攀爬布保持绷紧状态。

从"心智倾向"上看,诗韵具有良好的运动品质:对攀爬运动感兴趣,积极参与,心情愉悦;能不断尝试左右脚交替、双脚蹦跳、双手抓紧绳结、手脚协同用力等方式,让自己向上攀爬;能发挥合作群体中"引领者"的核心作用,安排队员们的攀登顺序,探索攀爬布的控制方法,向同伴传递经验,指挥同伴统一操作、动作保持一致。

（上海市宝山区马泾桥新村幼儿园　李青　顾春燕　庞敏玉）

团队研修将教师内隐的实践经验、教育智慧变得可共享、可借鉴。当这样的研修过程不断反复,过程体验不断累加,教师的能力增长自然成为可能。

（三）合作研修中的多视角式"晒"

当我们将研修活动扎根于真实的实践土壤中，教师群体中必然出现两类角色：一是研修当天作为主班（或配班）教师，以自己的常态工作面貌作为观察者；二是研修共同体成员，以同伴的面貌作为观察者。不同身份下开展的观察、分析和支持，必然带着不同的角色痕迹。这是多视角考量教师专业能力的有利资源，也是个体在研修共同体中学习的多维方式。

两位教师作为推动者从自我角色站位出发带来下一步支持。

教师 A 的回应与支持计划

对幼儿的反馈：诗韵，今天的你很棒，没有因为暂时的失败而放弃，能坚持不懈探索攀爬的方法，同时积极帮助同伴。在你的带领下，同伴们合作拉紧攀爬布，全部成功完成挑战。

调整运动空间：攀爬布的一边紧挨着墙，导致靠墙边的幼儿动作受限，影响了大家的相互配合。建议调整攀爬布的位置，确保幼儿有足够的运动空间。

教师 B 提出的支持计划

对幼儿的反馈：宝贝，你这么厉害，希望你能把自己的方法分享给大家，让大家像你一样具有勇敢、坚持的良好品质。

对带班老师的反馈：这是一项挑战性较大的运动，诗韵表现出的运动能力和学习品质较为优秀，不代表班级整体水平。建议在活动前或活动后增设一些分享运动保护和攀爬小妙招的环节，让参与此项运动的幼儿可以有所准备，减少潜在的心理压力和伤害，为幼儿提供心理支持和能力支持。其次，攀爬运动考验幼儿的团队合作能力，今天团队合作得非常好，诗韵发挥了核心作用，教师可以请这组小朋友一起分享经验，谈谈合作体会，发挥同伴学习的作用。

（上海市宝山区马泾桥新村幼儿园　李青　顾春燕　庞敏玉）

共同参与研修的教师，其在现场的角色定位不同，带给自我不同的认知驱动。在开展幼儿观察评价时，教师除了要观察幼儿正在做什么，还需要思考自己是谁，可以做什么，怎么做。对于每一位教师而言，无论在什么团队中研修、实践、发展，都需要积极借助平台的作用，促进自我思考力、判断力和实践领悟力的提升。

（四）研修总结中的反思式"晒"

基于"学习故事"的幼儿观察评价研修，采用梯队带教方式促进区域学前教育教师队伍的发展。整个团队除了项目领衔人以外，还有学科带头人、教学能手、优秀青年教师三个发展梯队的教师。一个优秀的团队，能让每个人拥有团队归属感，发挥每位成员的磁场能量。项目领衔人需要有效运用梯队资源，激活大家的专业反思能力。研修总结中的"晒"，就是考量大家的专业反省能力，历练大家的专业素养，促进大家互相学习、互相尊重、取长补短。

教师 B 的反思

我们对诗韵的分析有共通性：一是，我们都基于观察信息，从运动核心经验和心智倾向两个方面对幼儿进行科学解读；二是，在运动核心经验分析中，我们都识别到幼儿身体动作的发展状态，以及良好的学习品质；三是，我们都提出了活动后进行经验分享的计划，让更多的幼儿学习到同伴的攀爬方法。当然，我们也存在差异，比如 A 老师在探究的识别中，具体说明了诗韵是如何进行探究的，比较清楚，而我的分析就比较笼统……分享交流的过程，对我来说非常有意义，既是对自己的专业考验，也是通过同伴视角审视自己的分析。

教师 A 的反思

B 老师在下一步计划中对幼儿运动前的准备提了要求，而我关注到了运动材料的使用情况。B 老师对幼儿身心健康发展进行回应，但我更偏向对幼儿的探究和沟通进行回应。这启示我应该把故事讲给诗韵听，再听听诗韵自己的想法，真正地捕捉幼儿的需要……

两位教师所在子团队的领队——区级骨干教师李老师，在肯定了两位教师的基础上，进一步给出了后续可优化的合理化建议。

白描式书写的观察记录还是纠缠于琐碎的细枝末节，忽视了一些重要的细节。比如诗韵双手拽紧拉绳，身体后仰，拉开弓步，同步对伙伴们发口令，同伴们跟着口令一起发力，这是今天活动成功最重要的环节。同伴们从双手不知道怎么用力，到身体重心后移用力拉绳，使得攀爬越来越容易，这些精彩细节被略过了。关于识别分析，有必要在某些点上深入分析，加强回应与支持的针对性。同时，我也希望带班老师要给参加此项运动的幼儿都准备防护手套，对幼儿的攀爬和拉布进行运动保护。

如果教师仅仅对幼儿进行了观察与分析，但后续的教育决策不恰当，那么其观察就缺乏最基本的有效性，而真正的立场理解才能为后续教育决策和行动方向提供依据。① 在互动中澄清观点，反思越来越深入，对幼儿科学支持的思考才会越来越深刻。此外，研修共同体通过唤醒激情、激活能量，不断推进教师群体的实践、思考、互动、争鸣，尊重和倾听每一位教师的表达，培育教师的"专业领导力"。研修共同体倡导，每一位教师的进步都值得被关注和欣赏，并不断推动大家反思和自问："学习故事"的根本价值在哪里，意义追求是什么？"学习故事"最重要的受众是谁？突破和贡献在哪里？持续的追问和自省，有助于提升教师的批判性反思能力。值得一提的是，将"学习故事"讲给被观察的幼儿听，是帮助教师借助"儿童审议"，对幼儿发展的理解进行再反思，与幼儿共创学习发展路径。

　　"晒"是一个持续交流、分享、反省、批判和顿悟的过程。比如：同一个观察素材为什么会出现不同的分析？为何在同一段视频中，大家关注的细节却完全不一样？同样的"学习故事"，为什么有人觉得温暖有力量，有人觉得索然无味？"晒"以沟通和澄清的合作学习样态，打开教师的视角，突破教师的思维局限，激活教师的思想活力，推动教师在观察评价中走向科学、客观、合理。

四、"用"，成果反哺实践

　　共同体研修成果最终要落实到教师的教育行为中，为岗位实践服务。学用结合，学以致用，将研修成果迁移运用，推向广袤的实践情景，服务于园本研修，服务于教师工作效能的提升，这是基于"学习故事"的幼儿观察评价研修行动的根本追求。

（一）"用"与"学做晒"的内在关系

　　"用"是将"学做晒"中积累的创造性智慧运用于实践，提高工作效能，提升教师的观察评价能力（见图4-3）。这个过程，需要把加强教师对观察情境与技术路线的设计作为提高教师观察评价能力的关键，把加强教师对观察结果进行深入分析与有效应用的能力作为提高教师观察评价能力的落点，切实解决好幼儿教师观察评价的价值取向、情境设计、方法架构和阐释应用等问题。

---

① 高宏钰，霍力岩.幼儿园教师观察能力的理论意蕴与提升路径——基于"观察渗透理论"的思考[J].学前教育研究，2021(5)：75-84.

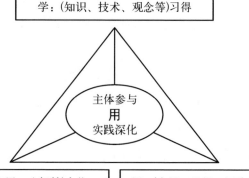

图 4 - 3　"学做晒用"研修行动模式的内在关系

整体来说，"学做晒用"遵循布卢姆对认知领域教育目标的划分：识记、理解、分析、应用、评价、综合。它能夯实教师开展幼儿观察评价的关键能力，促进教师实践性知识的生成和分享。

（二）研修经历给出"用"的过程逻辑

在共同体研修行动中，教师们是如何运用"学习故事"的理念和结构，开展幼儿观察评价实践的呢？这就需要研修共同体的教师们，反思过程中的结构逻辑和内容体系，从中获取规律性的认知或操作路径。教师们经由回顾和溯源，认为在持续推进的研修行动中，反复经历着以下几个环节：

环节一，明确研修主题，确定观察要点。

环节二，进行现场观察，收集真实信息。

环节三，书写白描式的观察记录。

环节四，消除刻板印象，学会倾听和访谈。

环节五，分析幼儿发展线索，开展循证解读。

环节六，反思教育行为，思考支持幼儿下一步发展的计划。

环节七，撰写"学习故事"，分享交流过程，进行沟通和澄清。

环节八，交流与分享"学习故事"。

这八个环节，通过现场研修的行动逻辑将"学习故事"固有的"注意、识别、回应"三个结构，分解成具体操作步骤。从中可以发现，第一个到第三个环节推动教师学会观察，契合"学习故事"的"注意"环节；第四个到第五个环节推动教师科学分析与解读,契合"学习故事"的"识别"环节;第六个到第八个环节推动教师支持和给出下一步行动计划,促进幼儿持续学习发展,契合"学习故事"的"回应"环节。研修共同体通过研修行动,细化了"注意、识别、回应"的行动流程,将"学习故事"研究变得具体可操作,让教师形成面向幼儿学习与发展的观察、分析、支持的能力(见图 4 - 4)。

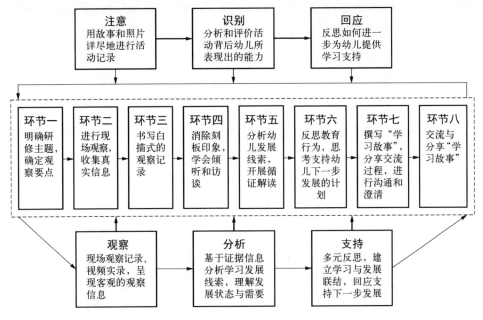

图 4 - 4　"学习故事"研究与研修流程的关系

　　"学习故事"的"注意、识别、回应"所表达的"建构学习者形象"的内容,必须是教师沉入幼儿活动现场进行"观察、分析、支持"的实践产物。而基于"学习故事"的幼儿观察评价研修形成的八个研修推进环节,正是帮助教师扎根现场,形成幼儿观察评价能力的过程。但是,流程、步骤和操作点如果能体现现实运用的可行性、便捷性、易操作性,才有可能被广泛运用和推广。因此,将"流程"带进教师的常态实践,让实践作出评判,才能实现真正的实践反哺。

(三) 实践反哺给出"用"的迭代优化

　　幼儿园教师的观察应体现理论先行的特点,将理论渗透在幼儿观察评价的各个环节,促进自我的发展。教师应先有一个特定的研究领域或需要解决的问题,然后从该领域和问题解决中萌生出概念和理论。幼儿观察评价是教师个人工作经历中最主要的组成部分。面向教育教学情景，教师从大量的实践现象、数据和信息中发现问题、研读问题和解决问题，自下而上地建立理论，形成观点，发展思想。

1. 聚焦观察：现场观察与白描记录

沉入幼儿活动场景的观察需要在一定时间内聚焦，观察越是聚焦越能帮助教师看清过程。因此，在实践中进行研修时，教师需要甄别现场，捕捉观察对象及其活动的主题和价值，带着爱和好奇走进幼儿的活动世界。

在大二班角色游戏区，我看到角落里布置得非常有序：两张桌子面对面放着，其中一张桌子旁放了两把椅子，桌子上放了两张白纸，一边放一支红色笔和盒子，一边放一支蓝色笔。阳阳坐在桌子旁边写着什么。我很好奇，为什么其他区域的材料都很丰富，而阳阳的材料只有纸、笔和盒子？他布置这样的场景会产生怎样的游戏内容？这宽敞的空间里，为什么只有他一人？带着好奇心，我准备追随阳阳一探究竟。

我随即为此做了观察准备：手机、观察记录表、观察脚本。

（上海市宝山区杨泰三村幼儿园　沈春兰）

分析：对教师而言，善于捕捉观察点，需要带着爱和好奇，专注幼儿正在开展的活动，发现现场人、事、物的特点，观察幼儿个体与群体的不同。

我带着手机和记录表，选择站在靠墙的位置观察阳阳，确保不影响他的游戏活动。

第一次观察内容：

布置好场地，你坐下来开始做准备工作，出计算题。你设计了 4 道题目，最终你选择剪下前 2 道题放进材料盒。6 分钟后，一切准备就绪，你开始招揽顾客："快来看我的直播课。"终于来了第一个顾客小圆，小圆问："可以抽奖吗？"你说："可以抽奖的。"小圆从材料盒里抽了一道题目，你马上把他的题目放回去，反复说："先报课。"小圆问："怎么报课？"你说："给钱啊。"小圆问："怎么给呢？"你愣了一下，想了想，走到材料区，拿了一个标有二维码的纸盘，说："扫码，报课吧。"可是，小圆却不愿意扫码，转身回到了他的"糖果店"，对你说："你要不要来吃糖果？"过了一会，你去"糖果店"拉小圆，拉了 3 次，小圆还是不愿意去。你接着反复吆喝宣传："快来看我的直播课！"有一个粉衣女孩过来看了看材料盒问："这是什么地方?"你拿起二维码纸盘说："直播课!"然后继续吆喝……粉衣女孩离开了。你离开座位去拉小圆,小圆还是没理你,他自顾自叫喊："快来糖果店!"你再次离开。

(上海市宝山区杨泰三村幼儿园　沈春兰)

分析:有效的观察需要教师沉下心来捋清观察思路和过程。教师可以从幼儿当下的行为过程、认知状态、情绪表达或潜在动机等方面形成观察聚焦的延伸。对于教师来说,观察聚焦的广度越宽泛,教师便越能从观察中获得丰富的素材。

2. 开展访谈:化解观察中的疑惑

观察中教师需要学会与幼儿对话,以幼儿的兴趣为依托,观察、倾听、反思和回应,与幼儿共同建构对世界的认知。幼儿观察评价实践的开展鼓励教师结伴同行、及时交换意见、相互交流感受和切磋问题;也鼓励教师在现场尝试和幼儿对话,在不影响幼儿活动的前提下,可以向幼儿咨询疑惑,听幼儿诉说意见,征求幼儿对两难问题的看法,让观察融入幼儿自己的声音。

我在观察记录表上记录下我的困惑:

为什么出了4道题,最后只选择了2道题?

好不容易来了一个顾客,为什么一定要坚持先报课?

带着疑问,我等待与阳阳沟通的机会。我发现粉衣女孩离开后,阳阳就一直在原地等待,我想此时我的加入,应该不会影响游戏的发展。于是,我走过去、蹲下来,与阳阳进行了访谈。

我:为什么出了4道题,最后只选择了2道题?

阳阳:因为另外2道题不是关于奇数和偶数的题目。(原来阳阳在设计题目时就确定了直播课的内容。)

我:好不容易来了一个顾客,为什么一定要坚持先报课?

阳阳:因为不花钱就不能上课,所以一定要先报课。(阳阳有一定线上学习的经历,游戏中的行为源于生活经验。)

(上海市宝山区杨泰三村幼儿园　沈春兰)

分析:当观察现场融入更多的声音时,教师的观察理解会突破单一的视角。访谈让观察者理解并发现了幼儿在游戏中迁移的数经验和生活经验,通过访谈和倾听,用事实信息来澄清观察盲区。

3. 行为分析:科学的循证解读

教师应联系环境、课程和幼儿发展,参照理论指引,用心体会自己通过观察获得的认知和感受,去回答这些认知和感受是如何发生的,代表什么含义。

我不是阳阳的班主任,但通过沉入现场的真实观察和观察后的沟通解惑,借助《3—6岁儿童学习与发展指南》的相关表现性水平指引,我从观察信息中解读了阳阳的发展现状:

(1) 善于迁移生活经验

疫情期间被广泛使用的线上直播,成了阳阳游戏的内容。阳阳善于观察生活,会迁移经验。

(2) 做事有计划,有条理

阳阳将游戏现场安排在一个很适合上课的角落,既安静又宽敞。另外,阳阳的环境布置、材料摆放井井有条,还考虑到了人数、性别等细节,比如不同性别使用不同颜色的笔。

(3) 数认知经验丰富

从阳阳出的题可以看出,他对奇偶数的理解比较深入,能在数学题中灵活运用。

(4) 会使用简单的方法招揽客人

阳阳用了原地吆喝、拉人进店的方法"招揽生意",虽然这些方法没有起到效果,但阳阳并没有因此放弃。

(上海市宝山区杨泰三村幼儿园　沈春兰)

分析:依据观察信息分析幼儿行为表现中的已有经验、个性发展、行为过程、学习品质,在接纳并认同幼儿行为表现的过程中,尝试给予幼儿更多的悦纳和欣赏。于教师而言,这是一个"行为分析,科学识别"的过程,"证据,指引,悦纳,共情,循证分析,多元识别"是关键。

4. 回应支持:多元反思与回应支持

基于观察的回应支持指向幼儿的持续发展,能否做到"与幼儿的生命融合在一起"的多元回应,是教师一直需要追问的。

我对阳阳的第一次解读,关注了认知、经验、学习品质、社会交往。接下来,对于阳阳来说,他会需要什么? 他对自己下次游戏的期许是什么? 给他哪些支持能满足他真正的发展需要呢?

我建议阳阳关注顾客需求,可以问一问小圆为什么不愿意来。

阳阳后来和小圆的对话是这样的——

阳阳：你为什么不愿意上我的直播课?

小圆：我是糖果店老板,不能离开。

阳阳：那我看到你还去了盲盒店。

小圆：盲盒店有抽奖。

阳阳：哦,怪不得你一来就问我有没有抽奖。

小圆：主要我没有时间,我店里很忙。

这次对话的目的是希望阳阳通过沟通找到"直播间"没有生意的原因。接下来,阳阳或许可以找到游戏继续开展的突破口。

阳阳的班主任当天也给出了现场支持,让小朋友们一起交流和讨论"推销、宣传产品"的好方法,以同伴共享来丰富幼儿"招揽生意"的办法……

（上海市宝山区杨泰三村幼儿园　沈春兰）

沈老师和班主任对阳阳的支持是相辅相成的,既启发阳阳主动思考寻找原因,又提供可借鉴、可拓展的具体方法。两位老师认为,基于观察的回应支持,应该多元而不教条,可以给出建议,提供资源等,关键要让幼儿在建议面前拥有自己思考、选择、决定的可能,体现以幼儿发展为本,幼儿发展优先的理念。

分析：回应支持不仅需要专业素养和专业理论指导,还需教师"与幼儿的生命融合在一起"的实践经验和感悟。教师通过对幼儿正在感兴趣的活动充分研读的基础上,不仅要分析"为什么",更要谈下一步"怎么办",还要审视"办得怎么样",通过建议启发、机会提供、环境创设、技术支持等途径,回应幼儿下一步学习与发展的需要。

5. 持续跟进："观察、访谈、分析、支持"的实践连续

对于教师而言,多看、多听、多思、多写,沉浸到观察评价的循环实践中,才能学会对幼儿进行正确的观察评价。共同体研修过程经历告诉教师,观察理解幼儿的发展过程不是一蹴而就的,应该重视在真实活动场景中对幼儿的连续关注,即"观察、访谈、分析、支持"的实践连续,学会整体、连贯地认识和理解幼儿。

我的"观察、访谈、分析、支持"的实践连续

（1）进入现场——真实观察与白描记录

为了验证支持方法是否有效，我又开始追随阳阳进行第二次观察。

今天，你照样开了直播课，布置好场地。这一次，你在纸盘上加了数字"2"。你开始游走于各个游戏区域，大声叫喊："快来我的直播课。"你碰到一位扎着马尾辫的女孩，立即对她说："来我的直播课吧。"马尾辫女孩有些犹豫，但她的伙伴直接拒绝了你："我们还在发东西呢。"你就离开了，继续宣传。你看到小邓，在她面前晃着纸盘反复说："小邓，快点上课啦！"小邓自顾自地玩着自己的游戏，没有接纳你的意见，你又拿起她的篮子说："快点拎包走啦！"她还是没有跟你走，你急得在旁边跳了起来，又说："小邓，快点上课啦，时间已经要超过啦！"见她始终不搭理你，你就独自离开了。在游戏场地晃了一圈后，你就停在了"火锅店"门口看老师在里面做客。一会后，你又回来邀请小邓，见她还是没反应，你再次离开，还用纸盘敲了下自己的脑袋，垂头丧气地回到"直播课点"。你再次尝试邀请同伴，最终还是失败了。

（2）化解疑惑——学会倾听与访谈

这一次，给我心理冲击最大的是阳阳用纸盘敲头的那个瞬间，我似乎看到他内心的崩溃和懊恼。此时此刻，我认为最重要的是保护阳阳的自信心和对游戏的热情。于是，我直接以游戏伙伴的身份介入。

我：阳阳老师，今天你又厉害一点了，会到处宣传了！盘子上的"2"是什么意思？

阳阳：就是还有2个小时就要开课了。

我：真不错哦，你开始从顾客的角度想问题了！

（3）提供建议——唤起解决问题的方法

我想知道小邓为什么不想上直播课，请阳阳自己去问问原因。

阳阳：你为什么不来上直播课？

小邓：我妈妈天天叫我在家做题，我不想再做题了。

阳阳：哦，原来是这样啊！

想到阳阳停在"火锅店"门口看班级老师在里面做客的场景，我觉得此时他更需要自己班级老师的认可。于是，我找到班级老师，大致描述了一下我看到的

情况,希望获得她的帮助。接着,老师便介入了他的游戏。

老师来到你身边,问:"这里直播什么? 我能来上课吗?"你高兴地说可以,让老师坐下来学数学题。你向老师演示了"24—13"的运算过程,还画了箭头辅助理解。老师夸你真是个好老师,你终于开心地笑了。老师走后,你又设计了一些两位数的计算题,但还是没有人来。

接着,你又开始拿出白纸作画,一会工夫就画好了一份报纸,并在材料区拿了一块粉红色纱巾。你手拿报纸和纱巾,继续宣传:"买报纸送纱巾啦!"可是,还是没有人来。

看到以上的场景,我终于松了一口气。班主任老师及时介入,帮助阳阳延续了游戏的热情,进而生发出报刊亭的游戏内容。

（4）科学解读——循证分析与识别

第二次观察,我纠结于要不要介入。看到阳阳敲头的那个瞬间,我觉得对于幼儿来说,最珍贵的是对游戏的兴趣、动机和信心。我们作为观察者要保护好幼儿游戏的兴趣。

我对阳阳进行了第二次解读:你能拓展"招揽生意"的方法,这次你吸取别人的经验尝试加大音量,还想了"标注时限"的好办法。你开始关注客户心理:你关注到小圆说的时间问题,觉得标注2小时开课,可以让他们快点来。即使经历了失败后的懊恼和难过,你仍在继续想办法。你还学会变通了,直播课一直没人关注就换成报刊亭。你对两位数加减运算非常熟练,还会将自己的计算方法教给他人。如果可以设立一个"计算加油站",帮助运算有困难的朋友,相信你一定会越来越受欢迎的!

（5）实践跟进——多元反思与回应支持

在游戏进行的过程中,我一直在反思:在一次次的挫败中,阳阳的感受如何? 他对之后的游戏有什么想法呢? 他还想开直播课吗? 为了进一步了解阳阳的想法,推进阳阳的游戏,我做了以下支持:分享交流,拓展解决问题的方法,用"买一送一""发传单"等方法招揽客人;让幼儿通过画画表达情绪。从画作中可以看出,两次的坚持和失败,幼儿的情绪还是有些失落和难过的。教师要对幼儿进行情绪安抚,重建幼儿游戏的信心。

（上海市宝山区杨泰三村幼儿园　沈春兰）

分析：我们可以看到教师持续进行的"聚焦观察、访谈倾听、循证解读、回应支持、实践跟进"，让教师对幼儿发展有了深刻的认识。"觉察、欣赏、悦纳、共情、联结"成为持续跟进的关键词。

6. 积极共创：多元澄清，分享故事与共创发展

在幼儿观察评价的行动中引入共创理念，形成教师、家长、幼儿三方协同的良好局面，在"多元澄清，积极共创"中构建师幼互动的思维与行为模式。

从阳阳的画作中，我感受到他的失落，帮助阳阳最好的方法是把他的精彩故事说给他听，让他看到自己的精彩表现，重获信心。

我：辛苦准备了很多却没有效果，换作是我也会有些难过，这很正常。不过，你要不要看看我给你写的故事？

（我把自己为他写的故事读给他听。）

阳阳：既然小朋友不喜欢上数学课，那我就换个店开，看看有没有用。

我：好的，明天你再试一试，不过，我还是很喜欢你的直播课！

从对话中，我看到了故事的魅力以及它带给阳阳的自信。但是，游戏的持续深入需要不断的经验输入，这些经验的来源，便是阳阳的家长。因此，我请班主任把阳阳的"学习故事"发给他的家长，并建议家长休息日带阳阳外出，引导阳阳观察街上受欢迎的店面，并探究一下原因。这样的三方共创，相信能给阳阳带来积极的意义。

（上海市宝山区杨泰三村幼儿园　沈春兰）

分析：与孩子交流与分享她（他）的"学习故事"，积极共创师幼互动的思维和行为模式，赋予幼儿"学习故事"共情的意义。分享故事、多元澄清，积极共创，教师从"研究教师的教"到"琢磨幼儿的学"，不断积累，扎扎实实走近幼儿的成长历程。

在这个案例的分享中，沈老师及其团队深刻感悟到：日常的角色游戏会产生大量的游戏行为，教师要注意进行有价值的观察信息的筛选。对于"看不懂"的角色游戏行为，教师可以在合适的时间与幼儿进行对话，澄清对幼儿行为的认识。幼儿的游戏行为与其生活经验密切相关，因此，识别和支持幼儿的发展，可以向家庭生活、社会实践拓展。连续而全面的追踪观察更能帮助教师发现幼儿、理解幼儿、读懂幼儿。

（四）实践反哺中构建和发展"用"的具体方法

教师的实践行动将研修的八个环节转化为进入现场、化解疑惑、科学解读、实践跟进、多元澄清五个操作步骤（见图 4-5）。

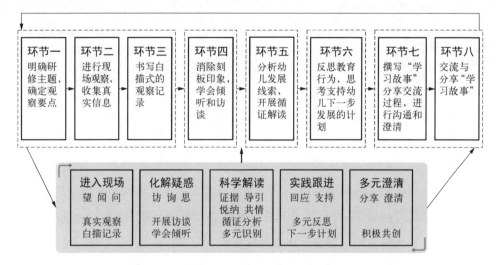

图 4-5 研修模式八环节带来的"五步骤操作路径"

幼儿观察评价研修经验的实践运用，为教师开展观察评价建构了实践者立场。这个"用"的行动过程突出了"学用结合"，关注教师实践思考的专注性、教育理解的深刻性、信息捕捉的有效性、问题解决的策略性、共享融合的创造性，是对研修团队共享智慧、共生情谊进行优化与完善的过程。在这个过程中，教师的观察评价能力也在不断积累，不断提高。

我的专业发展历程

专题研修已经持续开展了 20 场，在专业引领下，在各级学前专家的指导下，我们的观念、行为、能力都在发生变化。

内　容	行　动　前	行　动　中	行　动　后
儿童观、教育观	睁大眼睛也看不见	看到以前看不到的	发现幼儿是有能力、有自信的学习者
理论与实践	理论与实践脱节	理论与实践对接	理论指导实践
教育实践知识	被动学习专业知识	喜欢学习专业知识	主动学习专业知识

续　表

内　容	行　动　前	行　动　中	行　动　后
观察与评价	对幼儿的观察流于形式、浮于表面	观察、发现、了解幼儿	发现幼儿的闪光点
组织与指导能力	关注常规建立、高控制、急于干预	关注个体差异,给幼儿自由,因材施教	关注全体幼儿,在理解的基础上给予适时指导和支持
研修共同体	未建立研修共同体	研修共同体研讨,"一案多析"效果好	研修共同体研讨,专家引领很重要
专业认同	和家长沟通不畅	获得家长支持	获得家长认可
	自我感觉较好	发现自身存在的问题	获得专业成长和职业认可

（上海市宝山区小海螺幼儿园　陈月菲）

　　基于"学习故事"研修行动及其推进的实践反哺,呈现了幼儿学习发展的故事,也勾勒了教师成长的痕迹。比较教师先后撰写的"学习故事",我们可以深刻感受到教师的转变,这些转变体现在记录方式、思维方式和教育观念上。在实践过程中,教师不断建构自己的观念,重构自己的认知和行为。

五、"启",创生"五步循证"

　　教师的工作总是借助他所特有的"实践性知识"或是"实践性学识"来支撑,[①]实践性知识通俗的理解就是经验性知识。教师经验产生的过程就是教师个体实践探索的过程,透过教师的教育教学实践,深入探索过程发生的现场,探寻教师实践经验的真貌,有助于实践经验的萃取。[②] 因此,将可迁移、可复制、可推广的行动要素归纳出来,可以形成具体可操作的经验性知识,发挥研修成果反哺实践的作用。

（一）五步循证：观察评价幼儿的路径结构

　　"五步骤操作路径"是一个推进的循环机制,循环中还蕴含内在小循环,帮助教师基于观察证据作出分析与评价,思考幼儿下一步发展的可能。为此,我们从

---

① 钟启泉."实践性知识"问答录[J].全球教育展望,2004(4)：3-6.
② 熊伟荣.教师实践经验的价值及有效萃取[J].教学与管理,2018(12)：29-31.

教师的"五步骤操作路径"中架构出教师开展幼儿观察评价的行动方法，即五步循证的路径结构（见图 4-6）。

图 4-6 五步循证的路径结构

"五步循证"源于研修共同体的实践智慧。教师借助案例进行思维、分析与积累，通过案例获得关于如何从事新的教育实践活动的重要启示，也是积累实践性智慧的重要途径。[①] 区域教师研修共同体在"参与—充权—赋能—自我发展"中为教师提供平台和专业引领，鼓励教师对自己的优秀实践经验进行萃取、提炼，进而进行学术表达。这可以充分发掘教师的叙述方式，发展教师的教育思想，符合教师作为实践者的经验直觉。

（二）五步循证：观察评价幼儿的具体操作方法

"五步循证"源于实践，源于行动，源于实践案例的启示。它以可视化的操作路径，给出行动步骤和建议，方便教师日常开展幼儿观察评价。

1. 进入现场——真实观察与白描记录

做好观察准备，带好工具和观察脚本，走进幼儿活动现场。在不影响幼儿活动的前提下，教师利用摄像、拍照、手写等方式，客观记录幼儿的活动情况。教师要持续不断地关注幼儿，但不必把看到的和听到的都记录下来。教师须综合运用视觉、听觉、触觉等进行敏锐观察。

---

① 高红志，陈雪梅.思维视觉下数学教师专业发展探索——基于四节同课异构课"正弦定理"课堂教学的案例分析[J].数学教育学报，2016，25(2)：66-69.

（1）望

教师用眼睛捕捉活动场面，方便快速地做好随堂记录；录制视频，方便回看与观察细节。

（2）闻

教师用耳朵聆听幼儿的对话和讨论，快速提取关键词，对幼儿说话时的语气、神态和动作等进行速记，活动后进行文字内容的补充。

（3）问

教师根据活动的情境，对幼儿及同伴进行提问，明确询问的目的和内容，不要干扰幼儿的活动，包括需要幼儿解答的疑惑、了解幼儿状态的询问、激发思考的追问、启发思维的反问等。

2. 化解疑惑——学会倾听与访谈

教师根据观察到的幼儿活动情况，运用白描的方式进行记录时，为保持观察内容的客观性，需要消除刻板印象。教师可与幼儿进行简单访谈，多听听他们的想法，关注他们的活动感受。访谈幼儿时，教师尽量采用开放式问题，有助于幼儿按自己的思路回答和解决问题。

教师可以持续采用疑问、询问、追问等方式，获得有价值的信息，完善对幼儿的认识。

3. 科学解读——循证分析与识别

教师可根据观察与访谈得到的信息，结合幼儿年龄和活动特点，参照《3—6岁儿童学习与发展指南》学习梳理观察工具，对幼儿活动情况进行分析与解读。教师可关注幼儿在活动中的经验、能力，分析幼儿的情绪、兴趣和水平，解析幼儿的发展需要、生活经验、家庭及文化背景等。

4. 实践跟进——多元反思与回应支持

教师根据分析与识别的内容，从幼儿立场出发，了解他们正在做什么，能够做什么，找到他们的闪光点，并对他们的发展需要进行回应或做下一步计划。教师作为幼儿的玩伴参与活动，应关注幼儿在活动中的表现和反应，敏锐察觉他们的需要，与幼儿形成合作探究式的互动。

5. 多元澄清——分享故事与积极共创

文字和影像的记录便于教师进行反思，记录可以帮助教师更好地了解幼儿，记录幼儿活动中的生成性表现、能力与经验的变化、计划之外的问题以及精彩瞬间等，直观地展示幼儿目前的水平、掌握的程度，给予教师最有效的反馈信息，也是课程设计最有利的素材。[①]

教师可以与同事、幼儿、家长分享"学习故事"：听听同事的意见和观点，在同伴互助和伙伴示范中不断发展专业能力；听听幼儿自己的评价，摒弃观察解读和故事撰写中的"教师中心"；聆听家长的想法，合力支持幼儿的下一步发展。教师可以在各种不同的情境下对相同的幼儿进行多次观察，或持续的追踪观察，确保自我判断的公正、客观。

充足的素材还可以给幼儿教育专家、研究者提供可靠的数据资料，为教师更好地进行观察评价提供策略支持。

（三）五步循证：观察评价幼儿的文本表达方式

常态实践运用中，教师们认为"五步循证"构成一个整体的大循环，但同时内部还包含小循环。在实际操作运用过程中，教师们根据具体的观察情况进行组合利用。例如：多次进行第一步到第三步或第一步到第四步的小循环后，再进行第四步或第五步的推进，以此开展连续跟进的幼儿观察评价，形成基于有效观察的教育支持。

结合具体的实践、理解和反复论证，我们形成了"五步循证：基于'学习故事'观察评价幼儿的文本表达格式"（见表4-1）。

表4-1 五步循证：基于"学习故事"观察评价幼儿的文本表达格式

背 景 描 述	
故事描述（注意）	照 片

[①] 何煦,张杰.幼儿园教师自发共同体的"观察-反思"专业发展路径——以成都市温江区光华实验幼儿园为例[J].中国教育学刊,2021(12)：104.

倾听与访谈	照　片
什么样的学习可能在发生？（识别） 感兴趣、在参与、能坚持、与他人沟通、承担责任	下一步的机会与可能？（回应） 当下的回应，后续的支持

1. 背景描述忌"贴标签"现象

根据观察信息表达和理解的需要，对"学习故事"发生的背景进行描述，旨在细致、真实地呈现故事的发生过程，还原现场细节。背景描述包括故事发生的时间、地点、观察对象所处的环境和社会属性等内容。

■ 拓展选项：

教师访谈（根据实际需要补充必要的信息）

与当事人（幼儿）分享他（她）的"学习故事"

与家长分享幼儿的"学习故事"（家园共创"学习故事"）

2. 解读行为

教师要学习运用观察和评价工具，对幼儿开启的活动和行为表现进行深入分析，解读幼儿表现出的学习品质，识别幼儿正在建构或发展的经验，理解幼儿正在运用或习得的方法，尝试挖掘幼儿行为背后的心智倾向，真正看懂幼儿的学习。

3. 以"学"定"教"规划支持计划

依据观察和识别到的真实信息，教师应思考如何支持幼儿建构信息和知识，推进幼儿深层次的兴趣和爱好，协同幼儿处理关系，发展幼儿的个性品质和良好的学习品质，从幼儿的学习发展和教师的教学改进两个维度，反思教育教学行为，思考下一步的支持计划。

第五章　实践反哺：基于"五步循证"的幼儿行为观察评价案例

共同体研修最大的意义在于反哺实践，提升教师的工作效能。约翰·杜威(John Dewey)指出经验是连续的、不断改造的过程。[①] 不受时间、地点和人物限制的研究成果才具有可推广性、覆盖性、可转移性和可持久性，这是研修扎根实践，形成成果并加以运用的关键要素。因此，为了迁移团队研修的经验，团队教师们开启了运用"五步循证"开展幼儿观察评价的园本研习，在梯级带教中辐射更多幼儿教师的专业发展。教师们以"每个儿童都是有能力的学习者"为导向，以团队合作为基础，以个体实践为保障，在理念先行、行动优化、常态践行的过程引领下，开展园本研修创新实践运用，不断形成幼儿观察评价的案例。

第一节　平衡运动中的案例

一、观察的起源

玛格丽特·卡尔在《学习的心智倾向与早期教育环境创设：形成中的学习》中提出，儿童是在他们与周围环境中的人、事、物互动中学习和探究的，"哇时刻"或"魔法"时刻的出现是需要条件的，儿童需要有创造"哇时刻"和制造"魔法"的环境(时间和空间)，这就要求教师反思什么样的环境有可能支持儿童创造"魔法"，有可能最大限度地支持儿童的学习与发展。

户外运动环境是幼儿获得运动发展的基本载体，因此我们十分重视创设丰富

---

① 约翰·杜威.民主主义与教育[M].王承绪,译.北京：人民教育出版社,2001.

的运动环境,提供大量的运动材料。我们非常明确,基于幼儿观察评价的课程,既需要教师对幼儿的已有水平不断推进,合理预期,又需要幼儿在活动中的自我计划与自我发现。我们开发创设的户外运动环境是否满足幼儿的兴趣和经验?场地设置、内容、材料选择是否体现了幼儿自主、自由、创造、愉悦的学习特点?带着这样的思考,我们尝试对大班平衡区进行观察,开展针对幼儿进行观察评价的园本研修。

二、观察的准备

(一)教师对幼儿行为发展的认识

教师在观察前准备好"3—6 岁幼儿运动表现性水平描述(动作发展篇)"和"区域运动观察表",避免观察浮于表面、过于主观。

(二)教师对观察目标的确定

有目标的观察不仅可以帮助教师更好地了解幼儿的表现,也可以帮助教师通过观察获得对幼儿发展的理解。在本次观察中,我们重点从儿童视角观察教师所创设的户外运动环境是否满足幼儿的兴趣和需求。

(三)教师对观察方法及工具的选择

我们通常使用扫描观察和追踪观察相结合的方式来确立观察对象。这样能全面了解班级幼儿的动态信息,了解全体幼儿在户外运动中的参与情况,深入看到个别或一组幼儿的学习过程,持续追踪运动轨迹。教师依据事实信息分析和识别幼儿的发展水平与需要,理解幼儿行为的内在动机和倾向。

三、"五步循证"行动操作

(一)进入现场——真实观察与白描记录

进入大三班平衡区时,教师的目光就被轩轩吸引,其他幼儿都是小心翼翼地徒手走在高空平衡木上,只有轩轩挑着小扁担走平衡木。这条高低错落、最高处达 80 厘米的勇敢者道路对幼儿来说难度不小,而轩轩竟然尝试挑着扁担通过,教师觉得非常好奇,便用手机录下了整个过程。

观察日期: 2019 年 11 月 7 日上午 9:00

你低着头,双手托着扁担走在高空平衡木上,双脚交替小步向前移动,并将纸盒往前踢,眼睛始终盯着自己的双脚。你蹲下来将扁担放在攀爬架上,跨过栏杆时,将扁担往前推,顺利跳到攀登架平台上。

你挑起扁担,双脚向上踏了一步。翻越平衡架的三个栏杆时,你弯下腰,尽量伸长手臂将扁担放在平衡木上,同时调节扁担的位置,确保扁担能放稳。

你挑起扁担向前走,看到纸盒迟疑了下,将左脚跨过纸盒,纸盒被碰歪,你侧身试图用双脚调整纸盒的位置。此时,老师走过来帮助你。你跨过纸盒继续向前走,将扁担再次放置在架子上,双脚慢慢跨过扁担,蹲在斜板上向下滑。

观察日期：2019 年 11 月 13 日上午 9:15

你挑着扁担爬上攀爬架,把扁担放在木梯上。接着,你翻过攀登架,蹲下身挑起扁担,双脚缓慢地小碎步挪动。你被旁边的活动吸引,不时扭头向旁边张望,走到木梯中间时,停下了脚步。

你从畅畅手中接过扁担,缓慢转身、下蹲,将原本竖着的纸盒放平。你将扁担托在手上,侧身跨过纸盒,继续往前走。你再次将扁担放在架子上,翻身跨过扁担,双手抓着架子缓慢转身,蹲着滑下了木板。

在进行客观记录时,教师首先用陈述性语言将捕捉到的关键信息记录下来,包括幼儿的表情、动作、语言、与同伴的互动等细节。这个过程不要纠结于细枝末节,不必将幼儿的每个动作都放大描述,以免记录过于冗长,抓不住所要表述的重点。其次,对幼儿运动行为的描述要客观,不依据主观想法去判断幼儿的行为,"我认为""我觉得"这些带有主观想法的词不宜出现。

(二) 化解疑惑——学会倾听与访谈

倾听与访谈能帮助我们走进幼儿的内心,了解他们的所思所想,以及他们行为背后的意图。多发现幼儿的想法,提供适宜的帮助和支持,引导他们在现有水平上进一步发展。

在对轩轩的第二次观察中,教师发现他几次向旁边的活动区张望。为了了解轩轩的真实想法,教师对轩轩进行了访谈。

教师：为什么你一直在看旁边活动区?

轩轩：我看到旁边的小朋友玩得很开心。

教师：那你喜欢在平衡区玩吗?

轩轩：喜欢,虽然有点危险,但是我不怕。

教师：是的,老师看到你今天很勇敢,能在那么高的平衡木上走。你也玩得很好,为什么想到旁边的投掷区玩呢?

轩轩:因为那边可以和其他小朋友们一起玩。

(三) 科学解读——循证分析与识别

在分析与识别部分,教师们需要对故事中幼儿的学习进行分析与评价,但教师们经常觉得比较困难,分析和识别也不够细致准确。

因此,在对轩轩的"学习故事"进行识别时,我们以"3—6 岁幼儿运动表现性水平描述(动作发展篇)"和"幼儿心智倾向的观察分析导引单(表现性水平描述)"为导引,以研修共同体"一案多析"的方式为手段,让大班组教师对轩轩的行为进行解读,鼓励大家各抒己见,呈现大家对同一案例的观察和判断。通过"一案多析"的研讨,每一位成员都仔细倾听,并暗自思忖:大家对同一个视频怎么会有如此不同的认识? 为何还有那么多细节没有关注到? 这样的解读过程能训练教师们在识别幼儿行为时从多角度入手分析幼儿的运动能力和心智倾向。

以下是上海市宝山区马泾桥新村幼儿园教研组的老师们对轩轩两次观察的识别。

1. 运动能力

你具有很好的平衡能力,能手持扁担在高度分别为 40 厘米、60 厘米、80 厘米的平衡木上稳稳地走过;你也有很好的身体协调能力,在复杂的平衡环境中不断变换身体姿势,通过下蹲、起身、侧身、翻越,完成你的平衡探险。

2. 心智倾向

你遇到困难不轻易放弃,能勇敢挑战自己。虽然你觉得平衡区有些危险,但你勇敢地接受了挑战。你还选择了大家都没有使用的扁担进行平衡运动,增加挑战难度。当遇到平衡木上的纸盒障碍时,你克服心理障碍,成功跨越。

你有较强的问题解决能力。用扁担挑水,还要翻越攀爬架对你来说真是不小的挑战! 不过,你将扁担放在攀爬架上再翻越过去,轻松完成了挑战。

当发现平衡木上竖放的纸盒已经远超你能跨越的高度时,你调整了纸盒高度,让自己顺利通过。

(四) 实践跟进——多元反思与回应支持

在"学习故事"中,教师们需要在观察与分析的基础上提出下一步支持策略,将观察和分析中形成的认识与理念付诸行动,优化自己的支持行为。回应的方式可以是语言提示、环境调整,也可以按实际需要延迟回应。观察到轩轩在平衡区的成功经验与方法,教师们请他在班级中进行了分享,并根据轩轩的需求,为他提供了一些合作辅助材料。同时,因平衡区多为有一定高度的平衡木,提供的辅助材料也经常无人问津,教师们决定后续创设一些静态平衡和上肢平衡的运动环境,让幼儿的动作发展更均衡。

（五）多元澄清——分享故事与积极共创

"学习故事"的分享具有多重意义,与幼儿分享,构建幼儿的自我认知;与教师和家长分享,了解幼儿的成长力量,走进幼儿的成长世界;与幼儿园分享,丰富幼儿园的课程资源。"学习故事"既记录和支持着幼儿的发展,也是家长了解幼儿、认同幼儿园教育的良好途径。

教师们把轩轩的故事分享给了他的家长,轩轩的爸爸听到后非常惊喜,还为轩轩准备了自行车和轮滑用具,陪伴他一起骑车、滑滑板,锻炼轩轩的平衡能力。

附："学习故事"《平衡探险记》

故事时间： 2019 年 11 月 7 日、11 月 13 日

故事主角： 轩轩（男孩、6 岁、大班）

轩轩性格活泼,喜欢与人交往,身边总是围着许多小伙伴。他对新鲜事物充满兴趣,喜欢向老师和同伴提出各种问题。运动中,他的身体协调性好,喜欢尝试新玩法,但遇到困难时会紧张。

故事地点： 平衡区

观察方法： 追踪观察法

观察工具： 手机

故事背景：

大班平衡区是户外最具挑战的运动项目之一,由平衡架、木梯和窄木板连接成一条高低错落、向不同方向延展的平衡路线。平衡区旁摆放了许多辅助材料,有牛奶盒、装有水的矿泉水瓶、软球、纸球、扁担、布包、落地网兜,幼儿们可以根据自己的需要选择适当的辅助材料,持物行走,增强平衡运动的游戏难度。

1. 注意(我看到了什么)

(1) 观察时间：2019 年 11 月 7 日上午 9:00

你低着头,双手托着扁担走在高空平衡木上,双脚交替小步向前移动,并将

纸盒往前踢，眼睛始终盯着自己的双脚。你蹲下来将扁担放在攀爬架上，跨过栏杆时，将扁担往前推，顺利跳到攀登架平台上。

大班平衡区

平衡区的辅助材料

踢盒子走

放扁担翻越

你挑起扁担，双脚向上踏了一步。翻越平衡架的三个栏杆时，你弯下腰，尽量伸长手臂将扁担放在平衡木上，同时调节扁担的位置，确保扁担能放稳。

调整扁担位置

挑起扁担走

你挑起扁担向前走，看到纸盒迟疑了下，将左脚跨过纸盒，纸盒被碰歪，你侧身试图用双脚调整纸盒的位置。此时，老师走过来帮助你。你跨过纸盒继续向前走，将扁担再次放置在架子上，双脚慢慢跨过扁担，蹲在斜板上向下滑。

跨越盒子　　　　　　　　　　　　　　　滑下斜板

（2）观察时间：2019 年 11 月 13 日上午 9:15

你挑着扁担爬上攀爬架，把扁担放在了木梯上。接着，你翻过攀登架，蹲下身挑起扁担，双脚缓慢地小碎步挪动。你被旁边的活动吸引，不时扭头向旁边张望，走到木梯中间时，停下了脚步。

翻越攀登架　　　　　　　　　　　　　　小步走木梯

你从畅畅手中接过扁担，缓慢转身、下蹲，将原本竖着的纸盒放平。你将扁担托在手上，侧身跨过纸盒，继续往前走。你再次将扁担放在架子上，翻身跨过扁担，双手抓着架子缓慢转身，蹲着滑下了木板。

2. 访谈

教师：为什么你一直在看旁边的活动区？

轩轩：我看到旁边的小朋友玩得很开心。

放倒盒子　　　　　　　　　　　　　　侧身跨越盒子

教师：那你喜欢在平衡区玩吗？

轩轩：喜欢，虽然有点危险，但是我不怕。

教师：是的，老师看到你今天很勇敢，能在那么高的平衡木上走。你也玩得很好，为什么想到旁边的投掷区玩呢？

轩轩：因为那边可以和其他小朋友们一起玩。

3. 识别（我看懂了什么）

（1）运动能力

你具有很好的平衡能力，能手持扁担在高度分别为 40 厘米、60 厘米、80 厘米的平衡木上稳稳地走过；你也有很好的身体协调能力，在复杂的平衡环境中不断变换身体姿势，通过下蹲、起身、侧身、翻越，完成你的平衡探险。

（2）心智倾向

你遇到困难不轻易放弃，能勇敢挑战自己。虽然你觉得平衡区有些危险，但你勇敢地接受了挑战。你还选择了大家都没有使用的扁担进行平衡运动，增加挑战难度。当遇到平衡木上的纸盒障碍时，你克服心理障碍，成功跨越。

你有较强的问题解决能力。用扁担挑水，还要翻越攀爬架对你来说真是不小的挑战！不过，你将扁担放在攀爬架上再翻越过去，轻松完成了挑战。

当发现平衡木上竖放的纸盒已经远超你能跨越的高度时，你调整了纸盒高度，让自己顺利通过。

4. 回应（我还能做什么）

（1）成功经验的交流

请轩轩和大家分享自己的成功经验，如：走的时候如何保持身体平衡？如何拿着挂有矿泉水瓶的扁担翻越平衡架？

（2）运动环境的调整

轩轩的动态平衡能力越来越好了，接下来，多创设一些静态和上肢平衡的运动环境，让轩轩动作发展更加均衡。比如，在平衡路线上增加架在高处的梯子进行悬垂运动，玩一些静态平衡小游戏。多提供一些合作辅助材料，如跷跷板，让大家多进行合作游戏。

5.带给我的启示

"学习故事"是一个工具、一种中介，支持幼儿的学习，记录幼儿的学习和发展轨迹。"学习故事"能帮助我们建立理念和实践之间的联结。

（1）建立"学习故事"与运动课程设计之间的联结

日常开展的平衡运动都是在距地面一定高度的平衡木与木梯上行走，形式较为单一，这也反映出教师在平衡领域核心经验的缺失。《学前儿童健康学习与发展核心经验》中明确指出：按重心与支撑点的关系，平衡可分为上肢平衡和下肢平衡；按运动状态变化又可分为动态平衡和静态平衡。因此，我们可以创设一些以动态平衡为主、静态平衡为辅的平衡环境来兼顾幼儿上下肢平衡能力的发展。例如：动态平衡可以采用窄道移动、旋转，在晃动或活动性器材上跑、跳、翻滚、旋转，让器材在身体上保持平衡等方式；静态平衡可采用单脚站立、悬垂等运动方式。多样化、层次性的平衡环境能扩展幼儿身体控制和平衡的经验。

（2）建立"学习故事"与幼儿、家长、教师之间的联结

记录了积极学习体验的"学习故事"会拉近幼儿、教师、家长间的距离。家长通过倾听"学习故事"，感受到幼儿的成长，在家庭中积极创设运动环境，支持幼儿的发展。

（上海市宝山区马泾桥新村幼儿园　李青）

第二节　攀爬运动中的案例

如何发现幼儿的力量？如何让观察评价真正促进教师的专业发展？如何让幼儿的独特之处指引我们的工作？在不断的追问与行动中，推动教师成为有思想的行动者，不断去辨析观察的原因、内容、方法等。

一、观察的起源

在理解了"学习故事"作为一种形成性评价方式对幼儿的促进作用之后，教师们在不断思考：如何从发展的角度来观察幼儿？如何识别幼儿的学习路径？给予幼儿怎样的支持？

"五步循证"，基于"学习故事"的幼儿自主运动观察评价，推动教师们从多元视角解读幼儿，真正从"看到"到"看懂"。

二、观察的准备

(一) 自主运动中的观察准备

1. 观察者的准备

教师要时刻提醒自己，用欣赏和悦纳的眼光去看待幼儿，用爱和喜悦去跟幼儿的世界发生共鸣，敏感地发现幼儿学习的发生与发展。

2. 工具的准备

影像记录工具和观察量表（见表5-1）。

表5-1　基于"学习故事"的幼儿运动观察表

日期：_____ 年龄段：_____ 幼儿姓名：_____ 运动区域：_____ 观察记录者：_____

时　间	运动过程实录	识别：看到了什么？	
		归属感	
		参　与	
		探　究	
		与他人沟通	
		贡　献	
		运动能力	
幼儿访谈	教师的问题：	幼儿的回答：	

3. 观察方法

追踪观察法。

观察对象：大班男孩涵涵。

观察地点：运动平衡区。

（二）自主运动中的观察要素

1. 关注运动兴趣

幼儿参与运动的情绪是否愉悦？是否愿意积极投入？专注性是否持久？对运动是否感兴趣？

2. 关注运动能力发展水平

观察幼儿的基本动作与运动方式，关注幼儿的生理负荷与心理负荷。

3. 关注幼儿与环境材料的互动情况

对运动材料是否感兴趣？是否乐于尝试探索环境及运动材料？遇到困难能否坚持？等等。

三、"五步循证"行动操作

（一）进入运动现场——真实观察与白描记录

1. 真实观察

教师实施观察不可打扰幼儿运动，保障幼儿运动的自由度，采用照片、视频等方式对幼儿运动过程进行详细记录。

教师在全班扫描观察的时候，关注到了涵涵，基于对涵涵发展状态的好奇，对其进行了跟踪观察。

2018 年 4 月 12 日，在运动平衡区中，大班男孩涵涵的表现吸引了我。于是我拿起手机，对其进行了追踪观察。

2. 白描式记录

白描是指用客观、具体、朴素的文字描述看到的东西，不添加任何个人主观臆测与想法，真实记录事件，客观分析事件。教师根据真实的运动情境撰写幼儿的"学习故事"，在持续的实践演练中不断趋向客观、严谨、科学。视频结合白描式记录能清晰呈现事件全过程，让教师从视频回放中找到有意义的运动片段，对其进行针对性的分析和评价。

你身体向前倾，撅起屁股，双臂微曲，双手紧紧抓住坡顶，双脚使劲向上蹬……你的身体和小脸紧贴着山坡，持续了数秒……慢慢地滑落下来。

你双手用力拽紧绳子,直立起身上坡……你双脚交替往斜坡上蹬,坚持了一会,可是右脚打滑,滑落了下来……

(二)化解疑惑——学会倾听与访谈

教师可以依据观察识别工具的要点,在观察后设定一些开放性的访谈提纲,针对观察中产生的疑惑或问题,向当班老师或幼儿询问,寻找答案。

通过访谈,我从班主任那里了解到涵涵的情况:只要是涵涵认准的事情,他都会努力去完成、去做好。在日常活动中,他特别希望得到老师的关注。

(三)科学解读——循证分析与识别

针对幼儿运动,教师一般要做到两个识别。第一,识别幼儿的运动水平:从幼儿的兴趣、能力、认知、品质的角度解读幼儿的运动过程。第二,识别介入时机:当遇到安全问题,出现矛盾冲突,以及运动量过多或过少时,教师需要思考合理的介入方式,看看哪些需要即刻介入,哪些可以再等一等。但是仅仅捕捉时机是远远不够的,教师还需要以幼儿发展为本,采取积极的师幼互动策略进行有效介入。

比如,在"学习故事"《征服》中,什么样的学习在发生呢? 教师借助工具、指引进行了识别解读。

分析一:根据"3—6 岁幼儿运动表现性水平描述"对幼儿的运动能力进行了分析识别。

3—6 岁幼儿运动表现性水平描述(动作发展篇)

线索	要素	观察要点	阶段 Ⅰ	阶段 Ⅱ	阶段 Ⅲ
运动能力(运动方式与基本动作)	1. 具有一定的平衡能力,动作协调、灵敏	攀登	➤ 攀登较低的器械、攀登架等	➤ 在各种攀登设备上自由地攀登	➤ 在攀登设备上完成各种手的交替、脚的交替等动作,攀登滑梯的斜坡等
		钻(正面钻、侧身钻)	➤ 正面钻 ➤ 钻过小山洞 ➤ 钻过70厘米高的障碍物(橡皮筋或绳子)	➤ 侧身钻过直径为60厘米的圈 ➤ 钻过长长的小山洞 ➤ 侧身钻	➤ 灵活钻过各种障碍物

续 表

线索	要 素	观察要点	阶段 Ⅰ	阶段 Ⅱ	阶段 Ⅲ
	2.具有一定的力量和耐力	爬(手膝着地爬、手脚着地爬、葡匐爬、侧身爬、仰面爬、攀爬)	➢ 手膝着地协调地爬 ➢ 手脚着地爬 ➢ 倒退爬 ➢ 爬过低矮障碍物	➢ 能以葡匐、膝盖悬空等多种方式钻爬 ➢ 手脚协调地爬 ➢ 爬越障碍物等 ➢ 猴子爬 ➢ 肘膝着地爬	➢ 能以手脚并用的方式安全地爬攀登架、网等 ➢ 协调地爬越障碍物 ➢ 不爬出障碍物,在障碍物规定的空间内爬越等 ➢ 各种爬行动作
		平衡(静态平衡、动态平衡)	➢ 能沿地面直线或在较窄的低矮物体上走一段距离	➢ 能在较窄的低矮物体上平稳地走一段距离 ➢ 闭目行走 5—10 步不跌倒 ➢ 窄道移动(宽 15—20 厘米) ➢ 在高 20—30 厘米的平衡木上进行窄道移动 ➢ 原地转 3 圈,不跌倒 ➢ 以单脚为轴转动 180 度	➢ 能在斜坡、荡桥和有一定间隔的物体上较平稳地行走 ➢ 在间隔物体上窄道移动(砖、木板、硬纸板等) ➢ 对抗性平衡 ➢ 在晃动或活动性的器械上保持身体平衡

1. 平衡能力

你能以手脚并用的方式攀爬和翻越斜坡,具备一定的平衡能力。你不断尝试多种攀爬翻越的姿势,具备一定的身体协调能力。

2. 力量和耐力

在多次攀爬翻越的过程中,你坚持几秒后会因体力不支而失败,你的手臂力量与脚部力量还有待加强,需要持续锻炼身体的灵敏性。

分析二：根据导引单对幼儿心智倾向进行了分析识别。

幼儿心智倾向的观察分析导引单(表现性水平描述)

线 索	准 备 好	很 愿 意	有 能 力	参考文献
感兴趣	对活动有兴趣,有参与运动的愿望。	愿意并主动参加活动,体验乐趣。	在活动中积极、快乐,大胆尝试。	《3—6 岁儿童学习与发展指南》

续　表

线　索	准 备 好	很 愿 意	有 能 力	参考文献
在参与	情绪比较稳定。	保持愉快的情绪。	能随着活动的需要转换情绪和需要。	《3—6岁儿童学习与发展指南》
	一段时间内专注于活动，不受干扰。	受到干扰中断后，能继续回到原来的游戏中。	有干扰时，也能专注于自己的活动。	《上海市学前教育课程指南(试行稿)》
遇到困难或不确定情境能坚持	当遇到困难准备放弃时，在成人的提醒和引导下能继续下去。	遇到困难不放弃，愿意再试一试，并乐在其中。	敢于克服困难，主动解决问题，有所发现时感到兴奋和满足。	《3—6岁儿童学习与发展指南》
	重复某一行为解决问题，即使不奏效。	寻求他人帮忙解决问题。	坚持某一种方法或尝试几种方法，直到成功地解决问题。	《高宽课程》
	运用自己的已有经验解决问题。	迁移别人的经验解决问题。	大胆尝试新方法，创造性地、灵活地解决问题。	《高宽课程》

我愿意——归属感：你对攀爬运动具有强烈的挑战兴趣，能积极、快乐、持续地投入，不会因为失败而放弃。

我投入——身心健康：在多次的攀爬尝试中，你表现出较好的心理负荷能力，运动情绪健康、注意力集中、意志力很强，不断变换方式，积极地投入运动。你具有很强的适应能力和调节能力。

我坚持——探究：在翻越小山坡的过程中，你多次失败，却始终不放弃。你努力探索攀爬的方法：手脚并用、借用绳索、绳手并用、模仿同伴、借力支撑，并最终获得了成功。你遇到挑战能坚持，尝试多种方法解决问题，表现出强烈的探究兴趣。

(四) 实践跟进——多元反思与回应支持

教师们基于识别，对涵涵的下一步发展提出了多元支持。

1. 发现闪光点

你在运动中表现出勇敢、顽强、勇于挑战、积极探索、不惧困难的良好品质，我们应给予充分的肯定，并与大家分享你的故事。

2. 学会等待

自主探究是一个自我建构的过程,当你面对一次又一次的失败时,你始终坚持,直至成功。我们应充分相信你,不干预、少指导、多欣赏,让你在不断尝试中找到适合的办法,积累有效的经验。

3. 材料支持

我们还可以投放运动百宝箱或运动救助站之类的环境材料,让你在攀爬的时候,可以借助滚筒、垫板等材料辅助攀爬。

(五)多元澄清——分享故事与积极共创

教师们认为,要把涵涵的故事讲给家长听,通过故事让家长看见涵涵的积极、努力,进而关注涵涵的运动发展。

1. 亲历体验

加强你在运动中的力量和耐力练习,通过悬垂、攀爬绳索等运动锻炼上肢力量。

2. 家园共育

将你的故事分享给家人听,让他们也看见你的闪光点,知道你的需要,在家中和你一起开展力量锻炼游戏。

附:"学习故事"《灵动细雨》

故事时间:2019 年 10—11 月

故事主角:叶细雨(女孩、6 岁、大班)

故事地点:自主运动攀爬区

观察方式:连续追踪、定点观察

观察工具:手机

在网格丛林里,你和小伙伴们运用钻、攀、爬等动作,玩起了红绿大对抗,行进中需要避开一个个羊角球炸弹,还不能让自己掉入代表鳄鱼池的地面上,然后快速将旗帜插入指定地点。

镜头一:巧避"炸弹"

1. 注意(我看到了什么)

观察时间:2019 年 10 月 22 日

顺利拿到红旗的你,攀上网格架,弓着身子钻进网格里,你转头看了一眼有

攀上网格架

犹豫不决

钻进网格

攀登外侧

钻出网格

横向攀爬

攀爬成功

"炸弹"的网格，迟疑了一下。接着，你伸出右手抓住外侧的架子，低头从侧面钻了出来，顺势转身攀到了架子外侧。随后，像"蜘蛛侠"一样，手脚并用地横向攀爬……

成功躲过"炸弹"，一定让你印象深刻吧！所以你把它记录在你的运动日记里(见画语一)，并且和我分享。

你告诉我是因为格子太小，钻进去会让"炸弹""爆炸"的，所以你选择换条路线。我追问你，还有什么更好玩、更刺激的玩法吗？你说要想一想。我鼓励你，如果想到了更好的办法，下次可以去尝试。

2. 访谈

我：发生了什么？

细雨：我躲过"炸弹"啦！

我：怎么躲？

细雨：因为格子太小，所以我从外面绕过去了。

我：真是个好办法，你选择换条路避开"炸弹"，这样就不会爆炸了。那还有什么更好玩、更刺激的玩法吗？

细雨：让我想一想。

我：想到了，下次可以试一试。

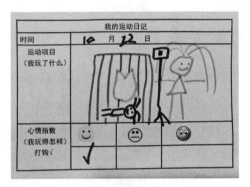

画语一

3. 识别(我看懂了什么)

依据导引单，在心智倾向方面，我看到了积极快乐，大胆尝试，对活动感兴趣的你，看到了乐意与我沟通、交流和回应的你。

我也看到了遇到"炸弹"阻拦，能仔细观察网格架的空间大小，从而作出判断，大胆尝试新路线的你。

依据导引单，运动发展水平描述，我还发现你具有一定的平衡能力，动作协调、灵敏。在网格中，你将身体灵活地蜷作一团，侧面钻出，并爬上攀登架和网，完成各种手脚交替的动作。

4. 回应(我还能做什么)

为你们提供不同材质、大小的"炸弹"和网格架，让你们做出不一样的选择。

镜头二："炸弹"探险

1. 注意(我看到了什么)

观察时间：2019 年 10 月 24 日

钻进网格   侧身过"炸弹"

你和伙伴们分工将大小不一的"炸弹"分布在"网格丛林"里。当你从木架上下来后，与"粉色大炸弹"不期而遇。

你一个跨步来到了网格架前，这次并没有攀上架子，而是直面"炸弹"。你一头钻进"炸弹"网格，在小小的夹

挑战成功

缝里，牢牢地锁定目标，侧身、弓背、收腹，后背紧贴边缘。你右手撑地，左手抓网，保持身体的平衡，小心翼翼地避让着轻微晃动着的"炸弹"，灵活地躲了过去，你欢呼着："大'炸弹'，躲过啦！"

2. 画语解读与访谈

看着运动日记(见画语二)，以及与你的访谈，我知道那个小人就是你。

这次的"炸弹"探险，你非常愉快，体验到了成功的喜悦。

3. 识别(我看懂了什么)

克服困难的你：面对"炸弹"，你没有选择避开绕道，而是直面它。你敢于克服困难，主动解决问题。

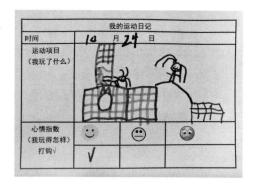

画语二

自主探究的你：仔细观察网格和"炸弹"的大小，在狭隘的空间内，你调整身体动作，直面"炸弹"，让游戏变得更好玩、更刺激。

4. 回应(我还能做什么)

我们可以去寻找更多百宝箱材料，探究材料的变化与组合，探寻创造性玩法，让你和同伴在体验中变得更协调、更灵活。

我们可以一起商量网格丛林的搭建方式，讨论挑战方式的设计，在保证安全的前提下，让你们更科学地锻炼身体，体验挑战的乐趣。

让所有的小伙伴们都来欣赏你的运动本领，看到克服困难和自主探究的你，相信他们会和我一样为你点赞。

当然，我也会把你的运动故事和你的爸爸妈妈分享，让他们一同欣赏你的精彩表现。

5. 带给我的启示

现代信息技术的运用，让我不再为观察准备而担心。设备捕捉到细雨所有的运动状态，弥补了肉眼观察的局限性，让我看到了细雨在穿越有"炸弹"的"网格丛林"时的动作状态、表情变化，从而识别到她运动背后的品质和心智倾向。

我需要用心观察、专业解读，看懂孩子的动作、表情和想法。通过观察，以及与细雨的交流沟通，我知道了她面对"炸弹"选择不同运动方式的原因，也验证了运动材料的适宜性。只有真看，才可能真懂，只有真懂才能让后续的支持与回应更为精准。

（上海市宝山区保利叶都幼儿园　潘贞霞）

第六章　成效检验：基于"学习故事"的幼儿行为观察评价行动反馈

基于"学习故事"的幼儿观察评价研修行动,通过组团式研修推动教师发现幼儿的独特之处,理解和支持幼儿的个性化发展,以专业的眼光解读幼儿的情绪、行为,提升教师的综合素养和能力。因此,检验基于"学习故事"的观察评价行动成效,是一次实证复盘,也是一次理性反馈,更是一种针对性评估。本研究从"教师开展幼儿行为观察评价的能力变化"以及"相关研修行动对教师专业发展的成效"两个维度,深入分析行动研修带来的实际变化,检验研修带给一线教师的发展价值。

第一节　教师开展幼儿行为观察评价的能力变化

在区域幼儿园内随机抽取 47 名参与共同体研修的教师作为调查对象,在行动前和行动后先后两次发放问卷进行调查,回收前测和后测有效问卷各 47 份。调查数据采用 SPSS17.0 版统计软件进行整理和分析。根据分析的需要,研究者增加教师分组(研究前、研究后),并对数量化等第资料进行独立样本 t 检验。

一、教师对运用"学习故事"开展幼儿观察评价的认知

(一) 教师运用"学习故事"开展幼儿观察评价的方法

由表 6-1 结果可见,总体而言,研究后,教师对"学习故事"的了解程度普遍高于研究前。通过研究,教师对"学习故事"的熟悉程度、理念认同、方法迁移、实践

表 6-1　研究前后教师运用"学习故事"开展幼儿观察评价的情况比较

		人数	平均数	标准差	t 值	自由度 df	P 值
注意	研究前	47	3.47	0.718	1.479	84.052	0.143
	研究后	47	3.66	0.522			
讨论	研究前	47	2.98	0.847	3.473	92	0.001**
	研究后	47	3.51	0.621			
识别	研究前	47	3.36	0.764	2.265	77.320	0.026*
	研究后	47	3.66	0.479			
回应	研究前	47	3.26	0.846	2.850	72.733	0.006**
	研究后	47	3.66	0.479			
记录	研究前	47	3.21	0.778	3.011	77.636	0.004**
	研究后	47	3.62	0.491			

运用、反思评估的能力普遍提升。

经独立样本 t 检验，研究前后教师对"讨论""回应""记录"的了解程度存在极显著差异，对"识别"的了解程度存在显著差异。可以认为，通过研究，教师对"学习故事"中"讨论""回应""记录"的了解和运用有极显著的提升，对"识别"的了解和运用也有显著提升。

（二）教师运用"学习故事"观察记录幼儿的方式

表 6-2　研究前后教师运用"学习故事"对观察记录幼儿的方式比较

		人数	平均数	标准差	t 值	自由度 df	P 值
文本	研究前	47	3.81	0.449	−1.280	90.314	0.204
	研究后	47	3.68	0.515			
照片	研究前	47	3.83	0.380	0.574	92	0.567
	研究后	47	3.87	0.337			
录音	研究前	47	2.91	0.952	2.282	92	0.025*
	研究后	47	3.32	0.755			

续　表

		人数	平均数	标准差	t 值	自由度 df	P 值
录像	研究前	47	3.77	0.476	0.000	92	1.000
	研究后	47	3.77	0.520			

由表 6-2 结果可见：

总体而言，研究后教师较少使用文本方式记录"学习故事"，较多使用照片和录音的记录方式。可以认为，通过研究，教师更多使用照片、录音和录像等记录方式，教师更注重在动态、真实的情境中，直接获取过程性资料，不断提升信息化技术在幼儿观察中的运用。

经独立样本 t 检验，研究后，教师使用录音方式记录"学习故事"的比例明显高于研究前，研究前后之间存在显著差异。可以认为，通过研究，教师不断提升多元观察和多维度信息捕捉能力，在观察中倾听的能力有显著提高。

二、教师运用"学习故事"开展幼儿观察评价的专业素养

表 6-3　研究前后教师运用"学习故事"开展幼儿观察评价的影响因素比较

		人数	平均数	标准差	t 值	自由度 df	P 值
缺乏专家指导	研究前	47	2.06	0.791	-1.472	92	0.144
	研究后	47	2.32	0.887			
对"学习故事"认识不足	研究前	47	1.94	0.818	-2.980	92	0.004**
	研究后	47	2.43	0.773			
对幼儿学习与发展轨迹认识不足	研究前	47	2.15	0.908	$-.501$	92	0.618
	研究后	47	2.23	0.729			
观察能力不足	研究前	47	2.17	0.789	$-.903$	92	0.369
	研究后	47	2.32	0.810			
评价能力不足	研究前	47	2.02	0.707	$-.574$	92	0.567
	研究后	47	2.11	0.729			

由表6-3结果可见:

总体而言,研究后在"缺乏专家指导""对'学习故事'认识不足""对幼儿学习与发展轨迹认识不足""观察能力不足""评价能力不足"等因素上,教师的情况有了明显改善。可以认为,通过教师研修共同体的组团研修推进,这五方面的不足有了明显改进。通过团队组团研修,相携相长,教师运用"学习故事"开展幼儿观察评价获得了有效的专业支持,开展幼儿观察评价的实践行为有了改善,专业能力有所提升。

三、教师运用"学习故事"开展幼儿观察评价的行为

(一)教师分析解读幼儿行为的角度

表6-4　研究前后教师分析解读幼儿行为的角度的比较

		人数	平均数	标准差	t 值	自由度 df	P 值
年龄特点及发展规律	研究前	47	3.91	0.282	0.000	92	1.000
	研究后	47	3.91	0.282			
思维特征	研究前	47	3.66	0.479	0.207	92	0.836
	研究后	47	3.68	0.515			
认知经验	研究前	47	3.77	0.428	1.338	87.238	0.184
	研究后	47	3.87	0.337			
个性特点	研究前	47	3.70	0.507	0.000	92	1.000
	研究后	47	3.70	0.507			
学习品质	研究前	47	3.79	0.463	1.306	80.559	0.195
	研究后	47	3.89	0.312			
社会性发展	研究前	47	3.74	0.488	1.203	84.648	0.232
	研究后	47	3.85	0.360			
心智倾向	研究前	47	3.62	0.610	3.039	64.820	0.003**
	研究后	47	3.91	0.282			

由表 6-4 结果可见：

总体而言，研究后，教师从思维特征、认知经验、学习品质、社会性发展和心智倾向的角度分析解读幼儿的频率高于研究前，从年龄特点及发展规律、个性特点的角度分析解读幼儿的频率与研究前持平。

经独立样本 t 检验，研究后，教师从心智倾向角度分析解读幼儿行为的意识和行为，研究前后存在极显著差异。可以认为，研究后，教师在分析解读幼儿行为时，对有助于幼儿学习发展的心智倾向的关注度大幅提升。

（二）教师以评价促幼儿发展的跟进手段

表 6-5   研究前后教师向幼儿分享"学习故事"的情况比较

	人数	平均数	标准差	t 值	自由度 df	P 值
研究前	47	2.96	0.779	2.032	92	0.045*
研究后	47	3.28	0.743			

由表 6-5 结果可见：

研究后，教师向幼儿分享幼儿自己的"学习故事"的次数大大高于研究前。经独立样本 t 检验，研究前后存在显著差异。可以认为，通过研究，教师向幼儿分享"学习故事"的意识和频率显著提高。教师的儿童意识、儿童立场、儿童视角等理念明显改善，并落实于实践行动中。教师开展幼儿观察评价更关注幼儿自己的感受，重视把观察评价所获得的信息作为促进幼儿持续发展的依据，重视观察评价对幼儿发展的促进作用。

（三）教师对幼儿观察评价中主体的把握

表 6-6   研究前后教师在观察评价中对主体把握情况的比较

		人数	平均数	标准差	t 值	自由度 df	P 值
教师	研究前	47	3.32	0.695	2.099	92	0.039*
	研究后	47	3.60	0.577			
家长	研究前	47	3.04	0.833	2.569	92	0.012*
	研究后	47	3.45	0.686			

续　表

		人数	平均数	标准差	t 值	自由度 df	P 值
幼儿	研究前	47	3.32	0.755	1.838	86.294	0.069
	研究后	47	3.57	0.580			

由表 6 - 6 结果可见:

总体而言,研究后,教师在观察评价中以幼儿、教师、家长三方为主体的意识普遍优于研究前。可以认为,通过研究,教师注重幼儿、教师、家长三方共同参与幼儿"学习故事"的观察和评价。大家通过发现、理解和支持,家园共育,形成合力,促进理念更新、行为重构。

经独立样本 t 检验,研究前后教师对"教师""家长"作为观察评价主体角色的认知均存在显著差异。可以认为,通过研究,教师对观察评价主体的认识理解有显著提升,尤其是对"教师"主体和"家长"主体在幼儿观察评价中作用和价值的把握有显著提升。

四、教师运用"学习故事"开展幼儿行为观察评价的能力变化的评估结论

通过对教师在研究前后的情况进行比较分析,欣喜地看到教师们出现了诸多变化。

第一,教师在分析解读幼儿行为时,更加关注对幼儿心智取向的分析解读,更关注培养幼儿未来可持续发展的品质,包括兴趣、主动参与、坚持、与他人沟通、承担责任等。

第二,对以"学习故事"为载体的观察评价方法的了解和掌握更清晰,包括基于观察的记录、讨论、识别、回应等方面的能力有了明显提升。

第三,教师对开展幼儿观察评价行动主体的认识,有了明显转变,尤其是对教师和家长在幼儿观察评价中的作用和价值的把握有显著提升。对如何实现教师、家长、幼儿三方共同建构有能力的学习者,形成基于观察的教育支持,有了更深的理解。

第四,在幼儿活动的真实情境中开展观察评价,教师运用工具的意识、能力明显提高。

第五，随着对"学习故事"研究的深入，教师们的教育理念和观念不断更新，儿童观、教育观、发展观不断发生改变，并落实到行动中。教师也意识到"学习故事"的首要听众是幼儿自己，倾听幼儿对事件过程、行为分析的评价，借助幼儿视角澄清事实，更好地理解幼儿世界。

经历基于"学习故事"的幼儿观察评价研修，教师们不断提升欣赏幼儿的能力，发现不一样的学习者。

第二节　相关研修行动对教师专业发展的成效

"学习故事"的评价方式要求教师在真实的情境中，准确注意和识别幼儿的发展水平、兴趣和需要，剖析其学习特点和潜能，遵循幼儿的发展轨迹，提出具有针对性、系统性、灵活性的支持方案，满足每一个幼儿的个性化发展需要。这不仅可以提高教师的观察、分析、决策能力，还能促进教师有针对性地学习和思考。基于"学习故事"的幼儿观察评价研修，是实现教师专业发展，提升教师实践智慧的积极途径。

已有研究认为，"学习故事"研究有助于幼儿教师提升实践智慧。实践智慧是教师专业发展的产物，包含"认识、评价、决策"三个步骤。对幼儿教师来说，基于"学习故事"的实践智慧，具体表现为在教育情境中对"应当做什么"的价值判断，与"应当如何做"的合理性行动的统一与融合。"学习故事"倡导幼儿是"有能力、有自信的学习者和沟通者"，是用"注意、识别、回应"三部分结构化叙事的方式，对儿童的学习进行记录、评估和支持的一种形成性评价方式。前者的"认识"步骤对应后者的"注意"部分；前者的"评价"步骤对应后者的"识别"部分；前者的"决策"步骤则对应后者的"回应"部分。

一、研修行动给予教师实践智慧的生成"密码"

在教师实践智慧生成的过程中，将关注点从教师主导的"教"转向幼儿自发的"学"；从特定活动中的"学"转向日常生活和游戏中的"学"。

依据实践智慧生成的三个步骤，我们经过了多轮促进教师实践智慧增长的行动研究，梳理了本研究中教师实践智慧生成的"密码"，即三大转变（见图6-1）。

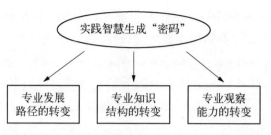

图 6-1 教师实践智慧生成"密码"——三大转变

（一）专业发展路径的转变

如今的教师专业发展更强调实践性、反思性与主动性。在基于"学习故事"观察评价的研修中，我们实践总结出"真实情境、信息关联、行动支持、学习反思"的循环路径（见图 6-2）。

1. 真实情境

"学习故事"作为一套基于日常观察的幼儿学习评价体系，主张对幼儿的日常生活进行观察。这与《上海市幼儿园办园质量评价指南（试行稿）》提到的，促进教师树立"关注幼儿日常表现，在一日生活中走近幼儿"的意识是契合的。每一位幼儿都值得教师发现和关注，教师要走进幼儿活动的真实情境，主动观察，获得最有价值的信息。

2. 信息关联

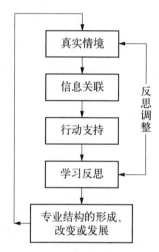

图 6-2 基于"学习故事"的幼儿观察评价中的教师专业发展路径

教师对收集到的信息进行关联及解读分析，获得对幼儿行为的深刻认识。如教师追踪幼儿的活动过程，发现幼儿活动中所反映出的心智倾向、认知与能力，并将信息进行关联，作出准确识别与判断。

3. 行动支持

教师通过观察和分析，真正了解幼儿的内心需要和个体差异，对幼儿行为背后的原因进行解读与判断，同时反思自身教育行为，进而支持幼儿的成长。

4. 学习反思

在经过行动上的支持后，教师还需要进一步反思，包括对幼儿所做的解读、识别、支持等。通过自修式的品读学习，教师可以开阔眼界，更新观念和教学行为。

在最终实现内在专业结构更新之前，教师的反思调整是贯穿始终的。教师不断对自身的专业结构进行反思、修改、调整或更新，进而实现自身专业发展的提升。

（二）专业知识结构的转变

要确保观察准确、客观、科学，教师需要具备丰富的专业知识和实践经验。丰富而又结构化的知识经验是教师观察幼儿、理解幼儿、科学评价幼儿的基础。

1. 专业知识储备更齐全

《幼儿园教师专业标准（试行）》中将教师专业知识分为幼儿发展知识、幼儿保育和教育知识、通识性知识。因此，教师不仅要学习掌握不同年龄幼儿身心发展特点、规律，还要通过各种途径不断扩大自己的知识面。

教师在持续不断的专业学习中，形成终身学习的理念，不断完善自身的专业结构。

2. 专业知识学习更内化

"学习故事"需在真实的、具体的教育情境中识别幼儿的学习与发展水平，并将识别结果与《3—6岁儿童学习与发展指南》中的教育建议对接。因此教师需将学习的知识内化，从而对"应当做什么"与"应当如何做"进行合理判断。

"学习故事"的运用帮助我提升了观察能力和评价能力，让我从新的角度认识幼儿，以及幼儿的学习品质。在撰写幼儿"学习故事"的过程中，我学会了观察幼儿的学习过程，观察幼儿的闪光点，记录观察内容，在理论阅读中积累专业知识。

（上海市宝山区小天使幼儿园　张晨蕾）

3. 专业知识运用更落地

一名优秀的教师不仅应具备正确的儿童观、发展观，更需要利用先进的教育理念指导教育教学实践。项目组子团队研制了相应的观察导引单，并采用特尔斐法（专家调查法）进行论证，让导引单更具科学性。

●导引单构建脚手架，让我看见独一无二的你

作为一名"学习故事"小白，如何挖掘视频中值得被解读和发现的精彩时刻是一个难点。于是我仔细翻看教案和教学目标，并结合团队教师分享的导引单

和心智倾向表，记录黄衣服男孩在两次实验操作前后的细节。在对细节仔细研读的过程中，我看见了男孩独一无二的学习。"学习故事"的导引单协助教师更好地观察和解读幼儿。

● 卸去脚手架，让"学习故事"没有"套路"

有了导引单作为脚手架，我们可以有针对性地对幼儿的行为进行识别与回应。但是，在卸去脚手架时，如何将导引单内化，对幼儿的行为和发展进行精准识别与回应，这才是我一直努力的方向。

万丈高楼平地起，导引单是团队研发中极为有效的工具。通过导引单的引领，让我们看到幼儿的学习变化，读懂每个幼儿的独一无二。

（上海市宝山区祁连镇中心幼儿园　张梦婷）

（三）专业观察能力的转变

1. 更新教育观念，提高观察效度

基于幼儿自然活动状态下的观察，所观察到的幼儿行为、语言最能反映真实的幼儿。经历了研修和成长，教师走进幼儿的内心世界，相信幼儿的发展潜力，学会用发展的眼光观察幼儿，结合幼儿的经验和现状解读幼儿。有效的观察与支持，是理解幼儿真正需求的重要法宝。

2. 形成观察意识，提升观察敏锐度

教师观察意识的树立是教师有效观察的基本前提。教师认同自身的观察者角色，客观看待观察中的主观性，主动筛选有意义的信息。

3. 学会专业解读，增强问题判断深度

在尝试"一案多析""同例异构"等梯级带教、环境熏陶的指导模式后，不同层级的教师思考问题、判断问题的差距在缩小。目前，教师撰写的故事越来越详实，在不断解读幼儿的过程中，拥有发现的力量。比如骨干教师杨璐铭老师撰写的故事，从与诗语的对话课堂，到发现崇崇的隐形人事件，直面自身教学行为，剖析课堂关键教学事件。杨老师在唤醒与追问中，更有专业底气，观察更有温度。

二、"五步循证"推进实践、阅读、反思三位一体

在多年研究中，我们尝试在"学习故事"本土重构的过程中，提出观察和评价幼儿行为需要"五步循证"。在实践过程中，实践、阅读、反思是三位一体、有机融

合的(见图6-3)。其一,实践是阅读、反思的核心和归属,反思是阅读、实践的内化和提升;其二,实践、阅读、反思是一个整体,是相互关联的过程,在实践中反思,在反思中实践。教师作为教育实践者,在"五步循证"的行为观察中,所表现出的专业性、熟练度就是教师的实践智慧。

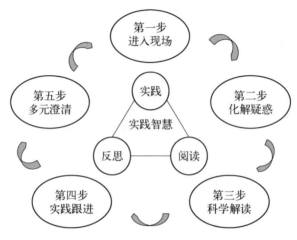

图6-3 实践、阅读、反思三位一体中的实践智慧

在实践、阅读、反思的三位一体中,教师通过五个关键点的把握,不断增长实践智慧。

(一) 关键点之一：客观、真实

观察一定是在真实的情境中,多感官共同参与的结果。教师要以开放的心态面对幼儿,了解他们能够做什么,正在做什么,客观记录幼儿的言行举止。此外,在观察的过程中,教师要不断考虑观察的内容和目的,以此达到专业观察的目的。

(二) 关键点之二：走进、理解

教师在观察的过程中,切勿因自己的主观喜好作出错误判断。教师应通过课后访谈、画语解读、家庭追踪等方式,持续关注幼儿,理解幼儿的行为。

建构游戏时,一名幼儿在乱翻积木。面对这样的行为,有的教师解读为幼儿对规则的遵守情况;有的教师会进一步思考,自己提供的游戏材料是否适宜。

(三) 关键点之三：科学、精准

教师在解读幼儿行为时,须确保有足够的证据来支持自己的结论。教师应学会筛选、分析、归纳、统计、推理、假设等思考过程，并运用评价工具对幼儿行为发展水平作出科学、精准的判断，以此提供相应支持，促进幼儿在原有基础上的发展。

（四）关键点之四：持续、及时

要推进幼儿发展，教师需坚持深入、连续性观察，并及时记录幼儿的成长过程，获得对幼儿发展状况的理性认识。观察中，偶然独立事件无法让教师准确地认识幼儿，只有对幼儿进行多次观察与记录，不断搜集资料，教师的评价才具有说服力。

对幼儿游戏行为的持续关注主要包括两个方面：一方面是完整记录幼儿游戏行为的发生发展过程，强调教师对幼儿游戏的整体感知，客观把握幼儿的发展状况；另一方面是对幼儿游戏的持续性关注与记录。通过连续性观察，运用观察数据对幼儿进行合理评价，是当前幼儿园观察的主要目的。

（五）关键点之五：平等、沟通

课堂中的每一个幼儿都是独特的、有能力、自信的学习者。这就需要让“学习故事”真正赋能，真正了解幼儿的内心想法，重塑以幼儿为本的教育理念。“学习故事”不仅要说给教师和幼儿听，更要说给家长听。

记录了积极学习体验的“学习故事”会让幼儿、教师和家长乐于一遍遍回顾，在分享过程中拉近三者之间的心理距离，促进幼儿、教师和家长之间建立互动互惠的关系，在平等沟通的过程中为幼儿的成长创设和谐的心理氛围。

附录一：幼儿的"学习故事"

为了让大家更为直观地了解"学习故事"的撰写方式，特罗列了研修共同体成员撰写的较为典型的"学习故事"案例，供大家学习与参考。

征　　服

背景说明	故事时间：2018 年 4 月 12 日 故事主角：涵涵(男,6 岁) 故事地点：攀爬区 观察方法：追踪观察法 观察时长：6 分钟

注　　意	
【手脚并用】 　　你身体前倾，撅起屁股，双臂微曲，双手紧紧抓住坡顶，双脚使劲向上蹬。眼看就要到坡顶了，你停了下来。你屏住呼吸，涨红脸，眼睛盯着前方，四肢紧贴斜坡，控制正在下滑的身体。持续了 10 秒左右，你顺着斜坡，慢慢地滑落下来。	 抓住坡顶  紧贴斜坡

【借用绳索】

你拿起斜坡上挂着的绳子，双手用力拽紧，直立起身蹬腿上坡。接着，你拉紧绳子，小脸憋得通红，双脚直直地站在坡面上。然后，你双脚交替往斜坡上蹬。到达半坡后，你弓腰、直腿、双手拉绳停了下来。你在坡面上僵持了一会，右脚一打滑，从坡面上滑落下来。

借用绳索

拉绳往上爬

【重新来过】

你没有休息，重新用双手钩住坡顶，屈肘撑在坡面上，双腿屈膝交替跪式往斜坡上爬。接着，你用额头顶住坡面，保持手臂屈曲撑在坡面上，抬起右脚往上蹬，蹬了3次之后，从坡面滑落下来。

重新攀爬

头顶坡面用脚蹬

【绳手并用】

你右手拽紧绳子，左手抓住坡顶，双脚弯曲交替向上爬。这时，你的身体摇晃起来，你在坡面上

绳手并用

续　表

停了下来，控制身体不再摇晃，并坚持了5秒。你双手拽住绳子没有松手，还在尝试用力向上攀爬。最终，因为力不可支，你喘了一口气，停了下来，滑到地面。	攀爬失败
【模仿同伴】 　　这时，来了一位男孩，他双手搭住坡顶，脚尖一蹬，翻过山坡，从另一侧坡面滑了下去。你模仿他的样子，双手搭住坡顶，踮起脚尖向上爬，依旧滑落下来。	模仿同伴 借力翻越
【借力支撑】 　　你身体紧贴坡面，双手抓住坡顶，左脚弯曲，右脚踩在斜坡一侧的木质台阶上，脚尖用力一蹬，身体扑上斜坡，挂在坡顶上。接着，你压低身体重心，用手肘钩住坡顶，侧身翻过坡顶，趴在斜坡的另一面。最后，你从另一侧坡面上缓缓滑落，脸上露出了笑容。	翻过坡顶 滑下坡面

续　表

与你的班主任进行访谈：

涵涵的运动协调性需进一步发展。涵涵很执着，只要认准的事情都会努力去做，也特别渴望得到老师的关注。

与你的访谈：

力气不够的时候，我就会滑下来，但是我不怕，只要不怕就会成功。

识　别	回　应
一、核心经验 1. 运动能力 　（1）平衡能力 　你能以手脚并用的方式攀爬和翻越斜坡，具备一定的平衡能力。你不断尝试多种攀爬翻越的姿势，具备一定的身体协调能力。 　（2）力量和耐力 　在手脚并用，躬身屈膝攀爬的过程中，你多次因体力不支滑落到地面。你的手臂力量与脚部力量还有待加强，需持续锻炼身体的灵活性。 2. 运动认知 　在翻越山坡的过程中，你能运用绳子借力攀爬，观察坡度的高度，借助台阶进行翻越，是一个具有运动智慧的孩子。 二、心智倾向 1. 我愿意——归属感 　你对攀爬运动具有强烈的挑战兴趣，能积极、快乐、持续地投入运动，不会因为失败而放弃。 2. 我投入——身心健康 　在多次的攀爬过程中，你表现出较好的心理负荷能力，运动情绪健康、注意力集中、意志力强，不断变换方式，积极地投入运动。 　你具有很强的适应能力和调节能力。 3. 我坚持——探究 　（1）在翻越小山坡的过程中，你多次失败，却始终不放弃。 　（2）你努力探索攀爬的多种方法：手脚并用、借用绳索、绳手并用、模仿同伴、借力支撑。 　（3）你遇到挑战能坚持，尝试多种方法解决问题，表现出强烈的探究兴趣。	一、当下支持 1. 发现闪光点 　你在运动中表现出勇敢、顽强、勇于挑战、积极探索、不惧困难的良好品质，我们应给予充分的肯定，并与大家分享你的故事。 2. 学会等待 　自主探究是一个自我建构的过程，当你面对一次又一次的失败时，你始终坚持，直至成功。我们应充分相信你，不干预、少指导、多欣赏，让你在不断尝试中找到适合的办法，积累有效的经验。 3. 材料支持 　我们还可以投放运动百宝箱或运动救助站之类的环境材料，让你在攀爬的时候，可以寻找一些材料，如滚筒、垫板等辅助攀爬。 二、后续支持 1. 亲历体验 　加强你在运动中的力量和耐力练习，通过悬垂、攀爬绳索等运动锻炼上肢力量。 2. 家园共育 　将你的故事分享给你的家人，让他们也看见你的闪光点，知道你的需要，在家中和你一起开展力量锻炼游戏。

（上海市宝山区盘古幼儿园　周珏红）

勇闯斜坡的金金

故事时间：2018 年 11 月 22 日

故事主角：金金（男，6 岁）

故事地点：攀爬区

观察方法：追踪观察法

观察背景：室内运动开始了,金金选择了"勇闯斜坡"运动区域。"勇闯斜坡"是借助长长的楼梯而创设的,第一层楼梯上铺设了垫子,第二层楼梯上铺设了木质的攀登板,形成长长的斜坡。

1. 注意

"学习故事"记录表

故　　事	照　　片
第一次勇闯斜坡 　　运动一开始,你先在楼下等待,然后助跑向上爬,到达垫子的中间时,你左手扶住栏杆,右脚撑了一下垫子。你停顿了一下,再次往上。 　　到了木板斜坡上,你侧身背对栏杆,反手扶着栏杆,脚踩木板,身体横着往上走。	 助跑向上爬 侧身往上走
第二次勇闯斜坡 　　第二次,你身体往后退了几步,然后往上冲。冲到一半时,发现前面有一个小女孩,你停了下来,稳稳地站在坡面上。 　　等女孩到达楼梯平台时,你再往上冲。这时,队伍很长,你前面有 7 个小朋友,你始终扶着栏杆,在垫子的最顶端等待着。	 站在坡面上

续　表

故　事	照　片
来到木板斜坡上,你依然背靠楼梯扶手,反手扶栏杆,脚踩木板斜面,横着向上走。你前面的女孩,正在木板上慢慢往上爬,你跟在她后面慢慢地走着。	 等待通过  侧身走在斜坡上
第三次勇闯斜坡 　　你退到了距离垫子 2 米左右的地方,在前方没有人的情况下,你身体前倾、摆动双臂快速冲上垫子到达一层楼梯平台。 　　到达楼梯平台后,你既没有扶扶手,也没有侧身,直接踩着木板向上跑到终点。	 冲上垫子  冲上木板斜坡

故　事	照　片
第四次勇闯斜坡 　　你正想往前助跑的时候，两个女孩冲在了你前面，你大叫一声"不能插队"，但是女孩没有理睬继续往前跑。 　　等到女孩都上了平台后，你才冲上平台。此时，攀登板上人比较多，你侧身跟在队伍后面，两脚交替慢慢向前移动。	 "不准插队" 侧身往上移
接受提醒 　　保育老师看到你满头大汗，就提醒你休息一会儿。你跑进教室，拿了一条小毛巾擦了擦汗，然后坐在椅子上和同伴玩开火车游戏。 　　你在教室里面休息了 5 分钟，脸还是红红的，额头上的汗一直往下流。 　　你又跑出去闯斜坡，才跑了两步，你就趴在了垫子上。	 趴在垫子上

2. 倾听与访谈

幼儿访谈记录

访谈问题	幼儿回答
Q：你玩了几个地方？	A：跳房子、爬垫子。
Q：你有什么好方法通过垫子？你觉得哪一种方法挑战更大？	A：可以爬上去，可以跑上去。跑上去挑战更大。

续　表

访　谈　问　题	幼　儿　回　答
Q：通过木板斜坡的时候，你为什么好几次侧着走？	A：侧着走安全。（当时前面有好多小朋友。）
Q：你今天一直在哪里玩？好玩在哪里？有什么好方法？	A：垫子更好玩。快速跑就可以爬上去。

活动后开展教师访谈的记录

访　谈　问　题	教　师　回　答
Q：金金在班级中的运动水平如何？	A：金金的运动水平在班级中处于中等。每次运动时，金金都会积极参与，是个活泼开朗的男孩。
Q：今天，金金一直在"勇闯斜坡"区域玩，以往都是这样吗？	A：之前基本都是户外运动，这个"勇闯斜坡"的区域也是最近创设的，可能该项运动对金金来说既新颖，又具有挑战性，所以金金特别感兴趣。

3. 识别与支持

幼儿发展评价分析表

识　别	回　应
一、运动认知 　1. 知道助跑冲刺能快速攀上斜坡，到达平台。 　2. 有安全意识，知道人多就停下，会等待。 二、运动技能 　1. 动作协调、灵敏，能在斜坡上快速冲刺、骤停、侧身站稳、横向移动。 　2. 腿部力量较强，徒手就能冲上平台。 三、心智倾向 　1. 感兴趣、在参与、遇到困难能坚持 　（1）对攀爬斜坡感兴趣、乐在其中，在运动区域持续进行了 30 分钟的活动。 　（2）有很好的规则意识和自控力，运动中能排队、适时等待，能适时调节身体状态和运动方式，维持运动秩序。 　2. 承担责任、会沟通 　运动中，发现有小朋友插队时，能大声给予提醒。	一、可以对孩子说的话 　能在阿姨的提醒下及时休息。希望以后，在运动中出汗多了、运动累了，不需要阿姨提醒，能主动去休息、擦汗、适量饮水。 二、可以给予教师的建议 　运动的空间和密度需要引起关注。 　今天"勇闯斜坡"运动区出现了拥挤、等待、插队等现象，幼儿数量较多，对新增运动项目的规则不清楚。 　1. 将金金作为榜样，与同伴分享如何遵守运动秩序、注意运动安全，向大家传递建立运动规则的好经验。 　2. 幼儿对斜坡攀爬感兴趣，教师可适当增加攀爬路线，呈现难度不一的斜坡，提供不同挑战，满足不同兴趣与能力的幼儿，同时也能分散人群，避免拥挤。 　3. 教师应注意控制幼儿运动强度，让幼儿在运动中养成自我保护的习惯。

（上海市宝山区小海螺幼儿园　陈月菲）

玩一个大大的球

故事时间：2019 年 9—10 月

故事主角：中三班幼儿妮妮、小博、小方、睿恩、萱萱

故事地点：户外运动投掷区

观察方法：定点观察法

观察背景：

孩子们在户外运动投掷区热情高涨地进行着投掷运动。面对两个栏网、一个瑜伽球，孩子们乐此不疲地采用各种方式将瑜伽球投过栏网。

瑜伽球和栏网

第一次玩大球（9 月 18 日）

1. 注意

运动开始，妮妮说："这个球太大啦！"说完，双手托着瑜伽球靠在栏网上，慢慢把球往上挪。对面的小博盯着瑜伽球等待着。妮妮踮起脚尖，用指尖把球往前推。小博伸出双手，准备接球。就在瑜伽球快要翻越栏网时，往旁边一歪，滚到了地上。

托举瑜伽球

小博和萱萱一起托举瑜伽球

小博抱起瑜伽球举过头顶，妮妮在对面喊"加油"。萱萱和小博一起把瑜伽球举到栏网顶端，将瑜伽球往对面投。萱萱踮起脚尖在左边托住瑜伽球，两人一起将瑜伽球投过了栏网。

2. 识别

（1）运动认知

第一次活动中，你们的手臂力量有限，无法将瑜伽球直接抛过栏网。于是，你们选择靠着栏网慢慢将球挪到顶端再推过去。

（2）运动技能

小博能够两脚前后站立，手臂瞬间发力将球举起，具有较强的上肢力量和一定的爆发力。

（3）心智倾向

你们对推瑜伽球过网非常感兴趣、乐在其中，持续运动了30分钟。

运动中，小博能够耐心等待妮妮将球推到顶端，而妮妮看到小博发球能够大声加油，给予鼓励。

你们勇于挑战、不断尝试，遇到困境能坚持。当无法将瑜伽球推过栏网时，并没有轻易放弃，而是不断调整姿势进行尝试，最终取得了成功。

3. 回应

（1）可以对孩子说的话

今天你们能够一起合作，共同探索成功投球的方法，老师为你们的努力感到高兴！

（2）可以对老师说的话

9月，孩子们刚刚升上中班，上肢力量还不足，无法将瑜伽球直接扔过网，更多是将球挪到栏网顶端再推过去。

在投球时，孩子每一次都有踮脚尖的动作，说明栏网的高度过高，可以适当调低栏网高度。

第二次玩大球(9月25日)

1. 注意

小博举起瑜伽球，身体后仰，当球举到最高点时，稍稍往后退了两步。小博踮起脚，甩腕投球，瑜伽球在空中转了一下。旁边的睿恩跑过来说："要掉了！我来！

小博双手举球   睿恩跑来帮忙

我来帮你!"在瑜伽球往下落的时候,睿恩跑到小博身后,双膝微曲,双手向前用力一推,瑜伽球朝右滚到了地上。

　　小方张开双脚,左膝弯曲,身体向右倾斜稍扭转,双手抱起瑜伽球,右腿用力蹬地,将瑜伽球往前一抛。小博和睿恩跑到栏网前,双手举过头顶,朝瑜伽球抛来的方向拍过去,没有拍到瑜伽球,瑜伽球越过栏网掉在地上。

小方双手抱球   小博和睿恩拦截失败

　　小博把瑜伽球靠在栏网上,用头顶球,双手托住球的两边,将球顺利顶过了栏网。对面的小方双膝下蹲,双手高举,接住了小博顶过来的瑜伽球。

小博用头顶球　　　　　　　　　　　　　小方成功接球

2. 运动后的访谈

与小方的聊天	与小博的聊天
Q：今天的运动好玩吗？ A：太好玩了！	Q：今天的运动你喜欢吗？ A：嗯！
Q：把球扔过去难不难？ A：不难，就是要用力。	Q：把球扔过去难不难？ A：有一点，举到上面我就没力气了。
Q：你需要什么帮助吗？ A：我自己就可以。	Q：你需要什么帮助吗？ A：不用，睿恩会帮我的。
Q：你有什么建议吗？ A：有没有更大的球？	Q：你有什么建议吗？ A：我们明天还来不来？

3. 识别

（1）运动认知

在扔球过网的过程中，你们发现了扔球的好方法：两人一前一后扶球，共同往一个方向用力，把球顶过栏网。

为了在把球举过头顶后保持平衡，小博用头顶住球，双手扶住球的两侧，顺利保持球在高处的平衡并且成功扔球过网。

（2）运动技能

小方，你能够腿、腰、背、臂共同发力直接将球扔过栏网，具有很强的上肢力量。

（3）心智倾向

你们对投球保持着浓厚的兴趣，整个运动过程持续了 40 分钟。

当遇到困难时，你们尝试多种方式，最终取得成功。

4. 回应

（1）可以对孩子说的话

今天你们扔球过网时，能够两人一起合作，前后共同发力。小方，你已经能够把球直接扔过网了，特别棒！小博，你还发现了一个举球时更加稳定的姿势，记得把你的方法分享给其他人哦！

（2）可以对老师说的话

我原本以为，提供垫高的软垫是一种教育支持，但今天发现，正是因为栏网高了一点，才激励着孩子们不断尝试，不断挑战自我。

5. 故事之外的故事

了解到小方想要一个更大的球，我从运动器材室找来了一个更大的瑜伽球。当孩子们看到这个瑜伽球时，所有人都跃跃欲试。可是，连手臂力量最强的小方都无法将瑜伽球举起来，更别说扔过网了。正当我准备将该瑜伽球放回器材室时，小博主动提出想要继续玩更大的球。这一次，孩子们会怎么玩呢？我们拭目以待。

更大的瑜伽球

第三次玩大球（10 月 9 日）

1. 注意

睿恩看到了更大的瑜伽球，说："哇哦！这个球超级、超级、超级大！"你们三人一起把球靠在栏网上，一个人托住下面，其他两人扶住两边，用力把球推过了栏网。

三人合力抱球

瑜伽球成功过网

此时，小方尝试一人推瑜伽球，他将球靠在栏网上往上推，然后用头顶住球，双手扶着球的两边。小博和睿恩则踮起脚，将手伸过栏网往旁边拨球。小方用力把瑜伽球往上顶，小博和睿恩成功将瑜伽球拨到了旁边的地上。

小方往上推球

小方用头顶球

瑜伽球被拨落

2. 识别

(1) 运动认知

今天，你们有了竞技意识，想方设法把对方扔过来的球拨下去。

(2) 运动技能

你们的手腕非常灵活，当对方试图将球扔过来时，你们能快速、灵活翻动手腕将球拨落。

(3) 心智倾向

你们对更大的瑜伽球充满兴趣，尝试把球扔过网。整个过程中，你们互相配合，热情又专注，玩了 35 分钟。

你们会仔细观察球在网上的行动路线，用手拨球，阻止对方扔球。

3. 回应

(1) 可以对孩子说的话

面对更大的瑜伽球，你们充满了挑战的热情，能够合作把球扔过网。你们在玩球的过程中积累了很多有益的经验，大家也相互学习各自的好办法！你们还分成两组，互相干扰对方扔球。

(2) 可以对老师说的话

经过几次活动，幼儿的手臂力量有所发展，能够比较顺利将小一点的瑜伽球扔过栏网。虽然大瑜伽球的体积变大、重量变重，幼儿对其充满了挑战的兴趣。

在活动中，幼儿初步萌发了运动竞技的意识。教师可以和幼儿共同探讨一些运动竞技的知识和规则，进一步支持幼儿的活动。

4. 故事之外的故事

我与小博妈妈分享了这些"学习故事"，得到了她的肯定和支持。两天后，小博来园时高兴地与我分享："老师！我在家里和妈妈看了关于中国女排的体育节目，和我们玩球的游戏很像！"借着这个契机，我请小博与全班幼儿分享了排球的运动规则，大家还共同制定了在栏网上方拨球的规则。

第四次玩大球（10 月 16 日）

1. 注意

萱萱把大瑜伽球靠在栏网上，开始往上推。小博在栏网对面踮起脚，伸手把球往旁边拨。于是萱萱推着瑜伽球往左边移动，小博跟着瑜伽球移动起来，继续踮起脚用力够球。

萱萱往上推球　　　　　　　　　　　　小博用力拨球

小博把瑜伽球靠在栏网上，用头顶住，双手扶着瑜伽球的两边，对面的萱萱伸直手臂等待着。小博一边举着球一边观察着萱萱，准备伺机而动。当萱萱把手放下时，小博立刻用力一顶，将瑜伽球顶过了栏网，并大声地说："耶！"

小博头顶瑜伽球　　　　　　　　　　　瑜伽球成功过网

2. 识别

（1）运动认知

当对方拨球时，萱萱，你会把球移动到其他位置；小博，你则会做假动作迷惑对方，出其不意扔球过网。

（2）运动技能

你们具有较好的上肢力量，能独立举起更大的瑜伽球。

（3）心智倾向

整个活动中，你们对大的瑜伽球已经非常熟悉了，而且保持着高涨的热情，想方设法不让对面的球扔过网，整个运动过程持续了38分钟。

我们共同讨论了有关拨球的规则后，你们都能在运动中自觉遵守游戏规则。

3. 回应

（1）可以对孩子说的话

你们能够遵守游戏规则，想办法把球扔过栏网，真是太棒了！

（2）可以对老师说的话

幼儿对扔球过网始终保持着非常浓厚的兴趣，在整个过程中，他们的手臂、手腕力量得到了很好发展，同时产生了合作行为和各种游戏智慧。

教师可以与幼儿共同查阅球类比赛的有关资料，为幼儿提供计分牌。

4. 故事之外的故事

当我欣喜不已地记录下这些故事时，孩子们再一次给了我惊喜，他们热情地呼唤我："老师！快来看我们发现了什么！像花生一样的球！"期待我们能一起续写"花生球"的故事……

"花生球"

（上海市宝山区青苹果幼儿园　刘珊雪霏）

终于合拢的打包盒

故事时间：11 月 21 日上午 9:00

故事主角：中班男孩晨晨

观察时长：12 分 20 秒

故事地点：幼儿园游戏室

故事背景：晨晨和几个小朋友一起在游戏室的一角进行游戏，他们把橡皮泥、打包盒、手工纸放在柜子上，戴好面点师的帽子，开起了"蛋糕店"。"蛋糕店"的开张引起了孩子们的注意，不断有"顾客"来询问。晨晨招呼完顾客，就走到柜子的另一边，用橡皮泥做"巧克力"。接着，他拿起一个蛋糕盒，开始打包。

1. 第一步，扎根现场，白描观察记录

0 分—0 分 37 秒　招呼顾客

戴着厨师帽的晨晨开始招呼顾客，回答顾客的询问。

招呼顾客

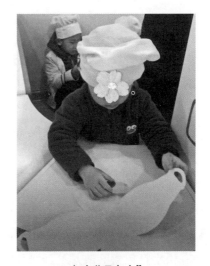
打包"巧克力"

38 秒—1 分 13 秒　第一次打包

晨晨将橡皮泥做成的"巧克力"放在纸盒中间，然后把打包盒两边的折页往上翻，交叉捏紧，"巧克力"从未折的那面滚了出来。

1分14秒—3分49秒　加工"巧克力"

晨晨放下纸盒和"巧克力"回到操作台，拿起一盒新的橡皮泥，把新的橡皮泥和原先的揉搓在一起，几分钟后，一个粉蓝相间的"巧克力"做好了。

加工"巧克力"　　　　　　　　　　　　　　第二次打包

3分50秒—4分02秒　第二次打包

然后，晨晨拿着这个"巧克力"，回到原先的包装处，把新的"巧克力"放在打包盒中，将相对的两个折页往上翻、合拢，结果"巧克力"又一次滚了出去。

4分03秒—4分32秒　招呼顾客

此时前台传来顾客的声音，晨晨放下手中的东西，来到吧台，询问顾客需要什么，顾客说："请给我一个蛋糕。"晨晨说："这里没有蛋糕，只有'巧克力'。"说完，他就返回刚才的操作台。

4分33秒—4分56秒　第三次打包

晨晨继续打包。这次，晨晨将相邻面的折页往上翻、合拢，把折页的搭扣扣住，但是一松手打包盒又散开了。然后他又一次尝试将相对面的折页合拢，打包盒又一次散开。

4分57秒—6分39秒　招呼顾客

听到有人询问，晨晨放下手里的东西回到吧台，和顾客交流了两句。晨晨走出吧台，指着小黑板，和顾客说："你可以看着这个点单。"顾客再次说："我要蛋糕。"晨晨回答："这里没有蛋糕，我们是负责弄糖果的。"和顾客说了几句后，他又回到操作台。

6分40秒—8分　第四次打包

晨晨把"巧克力"重新放在打包盒里，自言自语道："这个怎么弄啊！"他小心翼翼地拿起相邻的两边，进行合拢。这次，"巧克力"没有滚出来。他又将另外两边进行合拢。接着，他将已经扣好的两边搭扣重合在一起，此时打包盒看上去已经合拢了，但始终无法抽出里面的搭扣。于是，晨晨又拆开了打包盒。

第四次打包　　　　　　　　　　　第五次打包

8分01秒—9分04秒　第五次打包

晨晨重新操作，自言自语："怎么弄起来啊！"他噘起小嘴，把相邻两边的折页插入，然后拿起一边折页，先插入一组搭扣，用同样的方法把最后一边也插入其中。他用力一拉，四边全部散开，"巧克力"也掉了出来。

9分05秒—11分22秒　同伴帮助

一直在旁边观看的同伴拉住晨晨的肩膀说："不是那样弄打包盒的。"晨晨问："那怎么弄？"同伴拿起打包盒，拆开原本扣住的部分，开始打包。晨晨在旁边看了一会，走到同伴的另一边。同伴弄了一会，放下打包盒，开始做自己的工作。

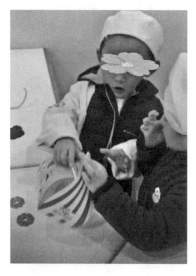

同伴帮助

打包成功

　　晨晨看到同伴没有继续打包,就回到操作台打包。这时同伴又过来主动帮忙,晨晨就去招呼顾客了。

　　11 分 23 秒—12 分 20 秒　打包成功

　　同伴把打包好的盒子拿给晨晨,他一边仔细观察,一边将搭扣捏紧,放回操作台,结果打包盒一面却绷开了。晨晨将绷开的那一面重新插入,打包盒终于合拢了,他轻轻地放好打包盒,脸上露出了笑容。

　　2. 第二步,倾听与访谈,化解困惑

　　教师：你今天最开心的是什么？

　　晨晨：我把它(打包盒)弄好了。

　　教师：为什么一定要弄好这个打包盒呢？

　　晨晨：我喜欢做盒子,"巧克力"没盒子会翻掉。

　　教师：那你下次游戏想要玩什么呢？

　　晨晨：开礼品店,当个老板。我爸爸就是开店的。

　　3. 第三步,科学循证,识别幼儿的学习

　　(1) 知识经验的发展

　　① 在包"巧克力"的过程中,晨晨已经发现了"巧克力"比打包盒两边折页缝隙大。他尝试改变"巧克力"的大小来增加打包成功的机会。

② 晨晨在活动中对"巧克力"和打包盒仔细观察和比较,并尝试改变打包盒的闭口合拢方式,不让"巧克力"滚落出去。

(2) 打包技能的掌握

游戏开始时,晨晨尝试改变"巧克力"的大小防止它从缝隙处滚落出去。接着,晨晨开始探索用不同的方式合拢打包盒。经历了五次失败,他初步知道可以用相邻折页组合的方式合拢打包盒,但在最后插入搭扣时,晨晨遇到了困难。在这个过程中,他其实已经发现了合拢打包盒的技能线索。

此时,同伴的主动示范让晨晨顺利掌握了合拢打包盒的技巧。

(3) 心智倾向

① 有着持续探究的品质

晨晨的活动大约持续了 12 分钟,他一直锲而不舍地尝试打包,不断想办法验证自己的设想。在探索打包盒的过程中,他不断观察、思考和调整,初步找到解决问题的方法。

② 在游戏中有着强烈的归属感

晨晨在尝试打包的过程中,有着强烈的想要成功的欲望。

他在游戏中非常投入,及时回应顾客的需求,有很强的角色意识,对游戏充满兴趣。

③ 身心健康的参与者

在 12 分钟里,晨晨持续地进行打包工作,当同伴主动帮忙时,他在旁边观摩学习。晨晨在游戏中具有安全感,对同伴充满信任。

④ 对工作充满责任感

当同伴帮忙时,晨晨虚心学习。当同伴离开后,他立即回到操作台,晨晨对自己的工作角色具有很强的责任感。

4. 第四步,回应与支持

(1) 精神环境的支持

① 教师在集体分享中表扬了晨晨在活动中的自主、探究、尝试解决问题的学习品质,并分享了他的故事,鼓励大家向晨晨学习。

② 教师还把故事分享给晨晨的爸爸妈妈,让他们为晨晨的坚持、努力、专注、投入感到骄傲!

（2）多种材料的支持

教师可以投放各种类型的打包盒，让晨晨和伙伴们一起解锁打包盒的秘密。此外，教师还可以用各种各样的打包盒进行不同主题的游戏活动。

（3）优质经验的支持

游戏区中有不同类型的打包盒，晨晨可以和伙伴们一起探究和积累各种合拢打包盒的经验。大家共同记录打包的方法并进行讨论交流。

（4）交往能力的引导

教师可以引导晨晨在遇到困难时主动寻求帮助。同时，请晨晨承担一些团队任务，和小伙伴们一起合作完成任务，在同伴协作中体验更多的快乐与惊喜。

（上海市宝山区淞南实验幼儿园　林琳）

"种树"引水记

【第一次观察】

故事时间：10 月 16 日

故事主角：豆丁、琦琦（中班）

观察方法：定点观察法

观察时长：40 分钟

在沙水游戏中，孩子们可以自主选择场地（沙池、水池），以及主体性材料（如各种水桶、轨道、大小铲子、筛子等）和辅助性材料（如小船、小鸭、小树苗等）。

近期孩子们热衷玩"风车转得快""小船快快开"等游戏，主动尝试用管道、各种高低支架拼接、搭建、连接做成轨道。他们往轨道里不停灌水，使小船漂浮起来，在与材料的互动中探索水的流动性。

1. 注意

第一次运水

豆丁到材料库里东找找、西翻翻，拿出一个小罐子，跑到水池边舀了一罐水。他捧着罐子一路小跑，把罐子递给琦琦："琦琦，给你。""好的，谢谢。"琦琦接过罐子转身就将水倒在"小树"周围，转身对豆丁说："这些水不够，我还要更多的水，还有其他树要浇。""噢,好。"豆丁爽快地答应了。

第二次、第三次运水

豆丁立即跑去舀水给琦琦,琦琦依然说:"这些水还不够,我还要更多水。"这次豆丁直接来到材料库,换了一个稍大的罐子,装满水后递给琦琦:"我装了很多水。"说完,他就跑到水池边玩了。

豆丁在划小船

第四次运水

琦琦拿着罐子很快就把水浇完了。"豆丁,豆丁,豆丁,水又没啦。"琦琦朝着正玩得起劲的豆丁喊道。"知道啦。"豆丁跑到琦琦身边拿起罐子,装满水递给琦琦,急匆匆地跑回水池边继续玩。他看到大家在水池里比赛划小船,就说:"我也和你们一起比赛。"

第五次运水

琦琦用小铲子把沙子堆成了小山,挖洞、种树、浇水,过了一会儿,大喊着:"豆丁,豆丁,水没啦。"只见一边的豆丁正在不停地拿水桶往轨道里灌水,好让小船开得更快些。"豆丁,豆丁……"琦琦继续叫喊着。"干吗?"豆丁头也不回地大声回答道。"水没啦。"听到琦琦的回答,豆丁眉头皱了起来,嘴里嘟嘟囔囔的,但手里的动作却没有停下。过了不久,"豆丁,豆丁……"琦琦再次喊道。"知道啦……"豆丁有点不耐烦。他直接用自己手上的小桶灌了水送到琦琦那里,"我还在玩呐。"豆丁不太高兴地说道。

第六次运水

又过了一段时间,琦琦拿着空罐子喊道:"豆丁,豆丁……"豆丁正在玩开小船,始终没有回应……

这时,琦琦转过头喊我,我走上前,假装不知情地问道:"怎么啦?""张老师,豆丁不肯帮我运水。""为什么呢? 你们在玩什么呀?"我问道。"我们在种树,种树需要浇水的。本来说好我种树,他运水的。"琦琦气愤地说道,眼睛望向一边的豆丁。我顺着她的方向,看见豆丁在和小伙伴们比赛划小船呢。

2. 访谈

与琦琦的访谈	与豆丁的访谈
教师：你喜欢今天的游戏吗？ 琦琦：喜欢，又不喜欢。 教师：为什么呢？ 琦琦：本来说好豆丁运水，我来种树的，后来他都不运了。	教师：豆丁，你为什么不帮琦琦运水呢？ 豆丁：我还要自己玩呢，我已经运了好多次了。 教师：那你喜欢今天的游戏吗？ 豆丁：喜欢啊，我喜欢比赛划小船。 教师：你喜欢种树吗？ 豆丁：（沉默了一会）运水太累了……我都跑了好几次了…… 教师：有什么办法不用来回跑，又可以运水呢？ 豆丁看了看我，一直沉默。

3. 识别

（1）对琦琦的解读

在琦琦的身上，我看到她感兴趣、能合作、较专注。

① 感兴趣

在前几次运水、种树的过程中，琦琦都保持浓厚的兴趣，挖洞、种树、为小树浇水。为了完成浇水，她邀请豆丁参与，拓展新的游戏情节——运水。

② 能合作

在游戏中，琦琦主动发起游戏，邀请豆丁加入，有初步的合作意识，主动发起邀请，吸引同伴参与。同时，有明确的分工合作的意愿，她负责种树，豆丁负责运水。

③ 较专注

在游戏的进程中，琦琦一直全身心投入种树的情节，围绕种树主题延伸浇水的情节。

（2）对豆丁的解读

在豆丁的身上，我看到了他愿合作、善解决、有责任的学习品质。

① 有合作

在游戏的前半段进程中，豆丁饶有兴致地接受了同伴的邀请，一起参与活动，听从琦琦的分配，一次又一次运水。

② 善解决

在琦琦多次呼唤运水时，豆丁装水的材料也在发生改变，从小罐到大罐，然后到小水桶,豆丁不断调整自己装水的材料,解决水装得少、用得快的问题。

③ 有责任

在前几次的运水过程中,每次听到琦琦的呼叫,豆丁都能马上完成运水的工作。

4. 回应

从豆丁的采访以及游戏过程来看,我们不难发现,他后续不愿再运水,一方面是他觉得太累,失去了兴趣;另一方面,他负责的是运水任务,情节较为单一。那如何不用来回跑就能完成运水工作呢? 这个问题我留给了豆丁,也留给了大家。

孩子们纷纷出招:"用一根水管就可以了。""这里又没有水管。"豆丁马上回答道。沉默了良久,仍没有回应。这时我想将豆丁玩的"开小船"游戏经验迁移到"运水工程"中,就提出:"没有水管该怎么办呢?"琦琦看了看我,突然说道:"我们可以找材料代替,用那边的轨道。"

幼儿们想出了解决的办法,准备在下一次的游戏中验证办法是否可行。游戏结束时,我还听到琦琦和豆丁的讨论:"我们把轨道一根一根连接起来。""怎么连起来,离得好远呢。""我们多找点轨道。"看着他们热烈的讨论,我也特别期待他们下一次的游戏。

【第二次观察】

故事时间:10 月 23 日

故事主角:豆丁、琦琦(中班)

观察方法:定点观察法

观察时长:40 分钟

1. 注意

今天又到了孩子们喜爱的沙水游戏时间,琦琦和豆丁直奔材料库,搬来几根轨道摆弄起来。他们将轨道拼接起来,一直延伸到玩沙池,大功告成。豆丁拿起水桶往轨道里浇水,第一根轨道里的水一直没办法流到第二根轨道上。

连接轨道

"水怎么流不过去呀？""明明接好了呀……"他们感到很疑惑。琦琦把第二根轨道拿起来看了看，又摆回原来的位置，第一根轨道的水有一点流向了第二根轨道。"有水了！"豆丁兴奋地说道，继续往第二根轨道倒水，可是水却没办法流向第三根轨道。琦琦又重新放置接下来的几根轨道，但还是存在水流不过去的情况。

轨道里的水往回流

轨道连接不成功

豆丁往一根根的轨道上都注满了水，水终于流到了沙池附近。由于沙池有一个台阶，轨道斜放在上面，倒进去的水又往回流了。看到这个情况，琦琦立刻将轨道调整了角度，水慢慢流向沙池。琦琦尝试将最后一根轨道和前面的轨道连接起来，但怎么也没成功。

"怎么回事，怎么不能连接？"琦琦一边摆弄一边说道。一旁的豆丁突然说道："我有办法了。"他急匆匆地跑到材料库拿来了几个不同高度的支撑架，将轨道用架子架起来。琦琦也跟着一起帮忙，把所有的轨道都架起来了。"这样就好了。"豆丁开心地说道。果然水从第一根轨道流到了第二根轨道里，"耶，成功。"琦琦一脸兴奋地说。

可是第二根轨道的水却流不进第三根轨道里。这时，豆丁调整了支撑架的高度，水成功流向了第三根。"噢，我知道了。"琦琦恍然大悟，把轨道全部拆了下来。"你干什么啊？我还在弄呢！"豆丁着急地说。"这里不对。"琦琦边说边指着那个最高的支撑架。

两人不断调整支撑架和轨道，水终于从一根根轨道中流过，最后成功流到沙池里。"耶，成功啦！"他们兴奋地说道。两个区域间长长的轨道成功吸引了其他小朋友，一个个都拿着工具往轨道里加水。

轨道搭建成功　　　　　往轨道里倒水　　　　　水流向沙池

2. 访谈

与琦琦的访谈	与豆丁的访谈
教师：今天的游戏你喜欢吗？ 琦琦：太喜欢了，我们用轨道把水引到了沙池里……	教师：今天的游戏你喜欢吗？ 豆丁：喜欢。 教师：为什么？ 豆丁：我们把水运到沙子那边。本来水都流不过去，后来我找到了架子。

3. 识别

在今天的游戏中，从琦琦和豆丁身上我看到了合作、坚持、专注、探究。

（1）合作

游戏开始，他们直奔材料库选择材料，游戏目的明确。

游戏中遇到问题时，他们尝试调整轨道、调整支撑架摆放顺序等。当两人产生争执时，他们也尝试用语言、行动去解决。

（2）坚持

在轨道引水的过程中，虽然失败了很多次，他们都坚持不放弃。

（3）专注

游戏中，两人始终沉浸在引水问题的解决中，完全不受外界干扰，很专注。

（4）探究

面对一次次失败，他们不断探索、研究、调整。

4. 回应

（1）对琦琦的回应

在分享交流中，我请琦琦介绍了他们的游戏，孩子们纷纷表示也想试一试。在这样的平台下，一方面可以让大家学习琦琦身上的坚持、专注、探究、合作等品质；另一方面，也在互动中提升了琦琦的沟通能力。

（2）对豆丁的回应

在第二次游戏中，豆丁始终和琦琦在研究、探索如何引水，完全没有受到干扰。

今天琦琦和豆丁成功将水引向沙池，却将"种树"的主题忘记了。因此，接下来，我将提供照片、视频，与他们共同讨论，建立有关种树、种植的经验，丰富游戏内容。

随着孩子的奇思妙想，游戏的主题越来越丰富，而我会继续做好他们的后盾，追随孩子，成为拥有专业意识和专业能力的教师。

5. 我的感悟

（1）由幼儿的需要引发的游戏

在沙水游戏中，幼儿因为"种树"而引发运水、引水的情节。教师捕捉到该游戏情节可以突破沙水游戏的瓶颈，对幼儿的探究能力、解决问题的能力、创造想象等都是一次新挑战。于是，教师尝试适时介入、支持回应，助推幼儿的深度游戏。

首先，他们在与材料的不断互动中探索水的流动性，在不断解决问题的过程中了解水是从高处流向低处的。

其次，大家遇到问题共同商量解决，在游戏中锻炼社会交往能力。

（2）由幼儿持续的游戏兴趣引发的游戏延伸

随着游戏的深入开展，幼儿们想到挖水道的方式，教师可针对此教育契机，以小组推进的方式，结合家庭资源，使幼儿获得相关生活经验，进而应用于游戏中。

（上海市宝山区通河新村幼儿园　张依媚）

执 着 的 小 哲

故事主角：小哲

观察方法：定点观察法、追踪观察法

观察要点：重点观察角色游戏中幼儿对低结构材料的使用情况，观察幼儿的交往能力、解决问题的能力以及学习品质。

故事背景：

在两个月的游戏观察中，小哲一直执着于"保龄球馆"游戏，总共开展过八次。在游戏过程中，同伴的建议给了小哲很多帮助，推动游戏一步步向前发展。

一起玩"保龄球"游戏

【第一次观察】

1. 注意

片段一：邀请同伴

你用垫子铺成十字形状，一块铺在地上，三块贴墙摆放。你邀请小马和你一起游戏，让小马在垫子上摆放水瓶。你到材料区找来一个圆形小盒盖。小马问："你这怎么玩呀？"你说："我玩给你看，你离远点，把这个盒盖扔过去，把这些瓶子打倒。"你边讲解边示范。小马在你的示范下也尝试玩了起来。

片段二：昊昊被游戏吸引过来

昊昊被你的游戏吸引来了，你重新调整海绵垫，把之前靠墙的两块叠在一起，放在中间的位置。你又到材料区拿来四块塑料积木，分别放在垫子两边。你让昊昊拿着小盒盖，你来放"保龄球"。放好后，你告诉昊昊说："这两边是障碍物，有难度的，盒盖必须从中间飞进去把瓶

重新设计的"保龄球"游戏

子打倒，才算赢。"

2.访谈

教师：我看到垫子和之前摆放的好像不一样？

小哲：我把靠墙的垫子铺开了，这样打出去的盖子就可以弹回来。

教师：为什么后来合起来呢？

小哲：这样厚一点，弹性更好。

教师：有弹性了会怎样？

小哲：就可以弹到瓶子上，瓶子还会倒。

3.回应

我觉得你的游戏很有趣，期待下次还能看到更有难度的游戏。

【第二次观察】

1.注意

片段一：场地变大，材料变多

用积木把场地围起来

再次玩"保龄球"

几天后，你和小张又在原来的地方开保龄球馆。你对小张说："去拿点积木过来，我要把这里围起来。"小张去拿材料，你留在原地开始布置。你熟练地用两块垫子铺在地上，两边的积木围成围栏，围栏的前方留出一个开口。场地变大了，场地里的"保龄球"也变多了，你和小张迅速地把瓶子立在场地里。

片段二：主动邀请顾客参与游戏

主动跟老师讲解游戏

大家轮流玩

你主动邀请老师来参加你们的游戏,耐心地给大家讲解玩法,边讲解边示范。你手持飞盘,蹲在球馆前,把飞盘从入口处用力甩进去。这时,小马和小崔被你的游戏吸引,蹲在旁边,认真听讲解。你让小伙伴们排好队,轮流玩。这时,小班老师带着弟弟妹妹经过,你主动上前邀请他们来参观"保龄球馆",给他们详细讲解和示范玩法。

2. 访谈

教师：这次的"保龄球馆"好像又有点不一样?

小哲：要离远一点还要用力扔,大家很难把瓶子打倒了。

教师：游戏就只有一种玩法吗?

小哲：我先教会小朋友玩,下次再设计不同的玩法。

3. 回应

（1）当下的支持

肯定幼儿再次设计的闯关环节,让幼儿介绍游戏玩法,引发其他幼儿的兴趣。同时,请幼儿思考,如何吸引更多的小朋友参与游戏?

（2）下一步计划

在教室里展示幼儿游戏探索过程的照片,让小朋友们了解"保龄球馆"游戏。提供录音笔,让幼儿录制游戏规则和玩法。

【第三次观察】

1. 注意

这次，小崔和轩轩要求和你一起开"保龄球馆"。你给大家布置任务："轩轩去帮我们拿材料，我和小崔布置场地。"轩轩爽快地答应了，到材料区拿来了积木、空水瓶。你把散落的积木一个个拼接起来，沿着垫子两侧整齐地摆放。随后，你从材料区找来了各种彩色的卡片，铺在积木上，作为奖品。这时小崔提议把水瓶放在小盒子上，这样就有难度了。你思考了一下，点头同意了。

大家合作搭建"保龄球"场地　　　　　　　　加高水瓶

2. 访谈

教师：这次游戏有什么不一样？

小崔：我们把水瓶放高了一些。

教师：为什么要加高？

小哲：这样瓶子不容易被打倒，有难度了。

教师：这些卡片有什么用？

小哲：这是奖品，成功了可以送奖品。

教师：你们一直坚持玩这个游戏，为什么这么喜欢玩呀？

小哲：我觉得有挑战，玩起来有意思。

教师：挑战在哪里？

小哲：我每次设计的游戏难度不一样啊。

小马：我觉得有趣，我喜欢玩。

小崔：我觉得我们合作很厉害，可以一起设计难度。

教师：今天遇到什么问题吗？

小哲：今天顾客都能一次打倒很多瓶子，很容易就获得奖品，好像没什么难度。

教师：那你们有什么办法解决这个问题吗？

小哲：我想下次把瓶子里装满水，加重一点就很难打倒了，可以吗？

教师：当然可以。

3. 回应

（1）当下支持

肯定幼儿增加游戏难度，并设有奖品的游戏玩法。引发幼儿思考还可以怎样提高游戏难度。

（2）今后支持计划

同意幼儿用自己的方法把水瓶加重，提供低结构的辅助材料。

【第四次观察】

积木搭建的置物架

不同高度的"保龄球"

1. 注意

你尝试用更多的积木搭建更高的置物架，还呈现了不同高度的"保龄球"。

2. 访谈

教师：你们为什么愿意和小哲继续开"保龄球馆"？

小马：我觉得小哲爱动脑筋。

小崔：因为我每次都能和小哲一起设计游戏，很有挑战。

教师：为什么想到用置物架放水瓶？

小哲：因为置物架很结实，放上水瓶还不容易打倒，很有难度。

教师：为什么要将置物架垒成好几层放水瓶？

小哲：这样有不一样的难度啊，每一层难度都不一样。越高的越难打准，最上面只有一个瓶子，很难打准。下面的瓶子很多，而且很重，也不容易打倒。

教师：你真是个了不起的游戏设计师。

3. 回应

老师会给你提供一本游戏计划书，你可以把新游戏记录在计划书里。

老师会把你开"保龄球馆"的故事分享给你的爸爸妈妈，让爸爸妈妈也看到你的闪光点，支持你的游戏想法。

【整体回顾与识别】

老师对你每次都能这么投入、专注地玩游戏感到很惊讶。经过两个月的观察和沟通，我发现了你优秀的学习品质。

1. 在沟通

自信大方的你：每次老师找你沟通时，你都能大方自信地进行交流，并耐心讲解游戏玩法。

会接纳的你：会和同伴商量，接纳你认为合适的建议，还会适时地鼓励同伴。

会分配的你：会根据同伴的特点，分配不同难度水平的任务，在团队中具有很强的组织领导能力。

2. 遇到困难不放弃

会解决问题的你：能根据不同顾客的需求，采用不同方式招揽生意，如示范游戏玩法、语言鼓励、主动招揽、奖品激励、增加难度等。

会坚持的你：两个月的角色游戏中，你每次都坚持玩"保龄球馆"游戏。

3. 在参与

你具有较强的目的性，不断丰富游戏情节，加深对游戏规则和角色的理解。游戏中，你能主动邀请同伴一起游戏，努力给每一位顾客讲解并示范游戏玩法，给游戏设置不同的难度和奖品。

当同伴和老师围观你的游戏时，你能专注于自己的游戏，在游戏中不断探索新玩法。

4. 感兴趣

你主动邀请同伴和你一起开"保龄球馆"，你对游戏始终保持浓厚的兴趣，做事执着。

你总是耐心地为每位顾客讲解、示范新的游戏玩法。

5. 承担责任

你能履行教练的职责，令每位顾客都很满意。你对自己设计的游戏很满意，每次都有新创意和小挑战。

【支持：下一步计划】

1. 语言支持

你再次让老师感到惊讶，今天的场地里出现了和以往不一样的游戏内容。你多次扮演保龄球馆教练的角色，很执着，也很投入。游戏中，你很称职，每次面对顾客都能不厌其烦地讲解示范游戏玩法与规则；你还能根据顾客的需求，增设不同层次的奖品，游戏也越来越热闹了。

2. 分享故事

我会把你的故事分享给你的爸爸妈妈，让爸爸妈妈为你在游戏中的表现点赞。

（上海市宝山区永清新村幼儿园　来雯）

超市里的精彩

故事时间：3 月 28 日

故事主角：小白、小红（小班）

观察方法：定点观察法

观察时长：40分钟

1. 注意

角色游戏开始了，小红和小白选择了超市游戏。他们没有商量分工，只是分头摆放着各种商品。这时，有客人来购物，小白看见了，主动叫唤起来："今天有打折。"此时，小红没有任何反应。

小客人们挑选着商品。客人A拿着选购好的商品来收银台结账，小白想了想，在小盒子里拿出一块蓝色

小白招呼顾客

积木扫标价。小红急急忙忙赶来，对小白说："我来收钱。"小白点头示意："2块钱。"

收完钱后，小白去商品区帮助其他顾客寻找商品。小红开始承担起收银员的工作。他细致地给每一件物品扫码，并收钱、找钱。超市里井然有序。

小白给顾客结账

小红给顾客结账

有顾客拿着牙膏来结账，小红一边扫码，一边说："你别忘了买牙刷，牙膏还需要牙刷的。"顾客摇摇手说："我不要，家里有。"小红说："那好吧！可是我们打折的。"小客人还是没有买。

客人拿起扭扭棒说："老板，我要这个吸管。"小红说："这不是吸管，是强力电

线。"客人坚持："这是吸管呀。"小红反驳："你看，这个中间不是空心的。"客人不再争辩，丢下物品就走了。

小红与顾客交流

小白送还巧克力

有一个小客人买了很多的物品，拿不下了。小白就找了购物袋给他装物品。小顾客的东西太多了，结完账离开后，还遗漏了一盒巧克力。小白立刻拿起巧克力，跑出去找顾客。

超市购物袋用完了，小顾客买了许多东西没法拿，小红热情而主动地说："我帮你送过去吧。"说完就抱着商品去送货。他帮客人将商品送到了"甜品店"，在"甜品店"又接到了"新的订单"。于是，他在超市拓展了送货服务。

小红开始了忙碌的送货服务，留下小白一个人为大家服务。结账的时候，顾客问一共多少钱，小白说："这里的商品免费。"顾客没有付钱，就带着商品走了。

小红送货

无人看管的超市

又过了 5 分钟左右,小红忙着送货,到处奔波。小白也离开了超市,到"甜品店"去了。超市并没有关门,顾客来去自如,超市里一片狼藉。

2. 游戏结束后的访谈

教师：今天的游戏,玩得开心吗?

小白、小红：很开心。

教师：我看到你们在小超市工作,都扮演什么角色?

小红、小白：老板。

教师：1 个小超市有 2 个老板呀。

小红：对,一个收钱、一个卖东西。(小白在一旁点头。)

教师：今天小超市的生意怎么样?

小红：生意很好,都卖光了。我还给客人送东西。

教师：服务真好,还送货上门呢。小白,你觉得呢?

小白：我们超市打折,好多人都来买东西。

教师：那你们游戏的时候遇到了什么问题?

小红：东西弄得乱七八糟的。

教师：为什么会弄得乱七八糟,你们当时在做什么?

小白、小红摇了摇头。

教师：小白,我看到你拿着一盒巧克力出去了很久,发生了什么事?

小白：有人忘记拿东西,我去找人了。

教师：为什么想到要去找人呢?

小白：没有巧克力,家里的宝宝会不开心的。

教师：那你找到巧克力的主人了吗?

小白：找到啦!

教师：你真是个热心的老板。(小白高兴地笑了。)

小红：我也给人送东西啦。

教师：是的,老板这么热心,肯定会有更多的顾客来光顾。但是,怎样让超市里的东西不再乱七八糟,让生意更好呢? 或许我们可以一起再想想办法哦。

3. 识别

发展线索	关键能力	发生了什么学习	具 体 表 现
归属感	兴趣	有愿望，主动发起，始终参与	两个小伙伴很默契，虽然没有商量，但都主动整理起超市货架。一个主动当导购、一个主动当收银员，为顾客提供服务。
	好奇	探索材料	当客人找不到商品时，能够找到相似的物品或替代品进行交易。
	投入坚持	坚守"岗位"	40分钟的游戏，小白坚持了35分钟，小红坚持了38分钟。
探究	角色意识	对角色有兴趣及初步认识	对超市分工有一定的认知，了解收银、导购的工作内容。能够运用角色语言进行交往，延伸游戏情节。
	想象力	替代能力	小白用蓝色积木代替扫码机。
		对材料有假想	小红认为扭扭棒是强力电线，依据扭扭棒的特点说出扭扭棒与强力电线的相似处。
		对材料之间的关系有经验	顾客买牙膏时，小红提醒他同时购买牙刷，能运用已有的生活经验。
	解决问题	运用原有经验解决问题	小红为拿不下商品的顾客提供购物袋；当没有购物袋时，他又结合生活经验，提供送货服务。
	情节拓展	设法丰富游戏内容	小红在送货的过程中拓展了超市的外卖业务。
	角色间联系	角色简单交往	小红和小白能够主动依据自己的角色职责给顾客提供服务，帮忙解决顾客的问题。
沟通	倾听、对话	配合	与顾客沟通，主动了解顾客的需要，并提供服务。两人之间偶尔有交流，遇到事情时，相互协商，互相配合。
贡献	责任	职责、担当	顾客忘记拿商品，小白立刻寻找顾客并送还商品。

小白，你今天是超市小导购，能主动参与到游戏。你对超市的工作内容非常熟悉，会主动招呼客人，还会用"折扣"吸引顾客，有较强的角色意识。你还想到了用蓝色积木代替扫码机结账，有很强的想象力。当客人遗忘商品时，你热心地把物品送还给顾客，太贴心了！

小红，今天的游戏你也很投入，愿意大胆地向玩伴表达想当收银员的想法。当顾客要买牙膏时，你能联系生活经验，建议配套购买牙刷，并用折扣促销吸引顾客。当有顾客购买"吸管"时，你主动提醒顾客所拿的物品与购买需求不符合。你还为拿不下物品的顾客提供送货服务，拓展了超市的业务范围，拓展了游戏情节。

4. 回应

（1）尝试与教师对话

① 客观评价，激发幼儿的内在需求，丰富游戏经验

小班下学期的幼儿开始萌发替代行为，蓝色积木当扫码机、两个拼搭纸盒当收银机等。通过分享，激发幼儿的想象力和创造力。

教师可以联系游戏中的扭扭棒和强力电线、牙膏和牙刷等，鼓励幼儿尝试发现事物的特点，寻找事物之间的联系。

教师也能借助寻找顾客、归还顾客物品的游戏情节，提升幼儿的角色意识，培养幼儿的责任心。

② 共同交流，助推游戏发展

帮助幼儿理解角色的作用，提升游戏能力。教师可以通过访谈引发幼儿思考：营业员离开超市送货是否需要暂时关闭店门？

鼓励幼儿尝试沟通、协作。小红和小白分工不明确时，超市一片混乱。教师可组织大家共同商议应该怎么办。

支持幼儿提高解决问题的能力。扭扭棒对顾客而言是吸管，但是对小红来说是强力电线。教师可引导大家思考，如何统一游戏材料与替代物的关系？

（2）尝试再次与孩子对话

小白，你对今天的游戏充满热情，很愿意和更多的伙伴交往。你让超市的生意变得更好，让客人更满意。你需要和你的搭档多沟通分工合作的细节，当有人外出送货时，如何保证超市的正常运转？

小红，你很喜欢扮演超市的收银员，对游戏材料也有很多想法。超市后续也会增加快递车和电话机等辅助材料，你和同伴一起商议，如何协调安排超市的店内业务和外卖业务。

（上海市宝山区彩虹幼儿园　黄玲玲）

分　豆　子

故事时间：2018 年 11 月 8 日
故事主角：洋洋（中班，男孩）
故事地点：中班教室
观察方法：追踪观察法
观察工具：摄像机
观察时长：8 分 46 秒

　　班级里正开展主题活动"好吃的食物"的个别化学习活动。洋洋在窗边的一角独自分豆子。活动目标是将混有黄豆、绿豆、黑豆的一筐豆子按豆子种类分开，并装瓶。活动材料有三种豆子、竹筐、不锈钢盆、筛子、瓶子等。洋洋已经用筛子将绿豆分出来，完成了绿豆装瓶工作，用时十多分钟。

注　意

倒豆子(45 秒)

　　只见头戴厨师帽、身穿白围裙的你正将一筐混合着黑豆和黄豆的豆子盛放在筛子里，在下面叠放着另一个筛子和一个大竹筐。你娴熟地将豆子倒入另一个筛子中。

叠放筛子

将豆子倒入另一个筛子

　　不时有豆子洒落到桌面上，你将一颗颗豆子拣起，放进不锈钢盆中，随后将盆中的豆子一并倒回筛子中。

拣豆子

将豆子倒回筛子中

筛豆子(2 分钟)

你双手来回摇了摇筛子，筛子里的黄豆渐渐少了。你又用食指按压黄豆，一颗颗黄豆顺着筛孔掉落下去。最后，筛子里只剩下了黑豆和少许几颗黄豆。

筛豆子　　　　　　　　　　　　　　　　按压黄豆

拣豆子(4 分 10 秒)

你右手扶住筛子搁在大竹筐的一角上。筛子里盛放着黑豆和少许几颗黄豆，而下面的大竹筐里则是刚刚筛下来的黄豆，里面还掺杂着几颗黑豆。你将黑豆从竹筐中拣出来，放进一边的空盆子里，又将黄豆从筛子里拣出来，放入竹筐中。

把竹筐中的黑豆拣出来　　　　　　　　　将筛子里的黄豆拣出来

可能是手酸的缘故，你不停变换着双手，一会儿左手拣几颗，一会儿右手拣几颗，终于将竹筐中的黑豆全部拣出，只剩下黄豆啦。

变换双手拣豆子　　　　　　　　　　　　完成豆子分离

装豆子(1 分 51 秒)

你拿出一个大瓶子，用手将竹筐里的黄豆一把把抓起，放入瓶中。

续　表

豆子装瓶

盖上瓶盖

　　瓶中的黄豆渐渐多了，筐里的黄豆越来越少，你就将竹筐微微倾斜，摇晃了一下竹筐边缘，剩下的黄豆滚落到竹筐一侧。你一把把抓起黄豆装进瓶子，扣上密封盖，顺利完成装黄豆的工作啦。

　　最后，你将黑豆也倒入盆中，完成了黑豆的装瓶工作！

黑豆装瓶

幼儿访谈
　　教师：你在做什么？
　　洋洋：分豆子。
　　教师：分哪些豆豆？
　　洋洋：黄豆、绿豆、黑豆。
　　教师：分了豆豆有什么用？
　　洋洋：装瓶子里。
　　教师：你分豆子累吗？
　　洋洋：不累。
班主任访谈
　　教师：你眼中的洋洋是一个怎样的孩子？
　　班主任：洋洋有很多想法，但不愿意在别人面前表现自己，受人关注时会拘谨。

识　别	回　应
一、认知能力 　　**积极思考的你**：你在反复操作中找到了分豆子的快捷方法。 　　**善于发现的你**：在装豆子的过程中，当竹筐中的豆子越来越少时，你用倾斜、摇晃的方式，解决了"黄豆抓不起来"的问题。	给孩子的话 　　在今天的厨房劳动中，作为小厨师的你出色地运用筛子、竹筐等工具，完成了豆子的分类工作。 　　你积极思考、动作灵活、善于解决问题。

续　表

识　别	回　应
二、手的动作灵活、协调 　　你能使用筛子等劳动工具进行倒、筛、拣、装等豆子分类工作。手指精细动作灵活、协调。 三、心智倾向 　　1. 遇到困难能坚持 　　**专注的你**：活动中，你以小厨师的身份认真地工作，注意力集中，持续进行了30多分钟的活动。 　　**坚持的你**：你沉着冷静、有条不紊地坚持分豆子的工作：倒豆子，筛豆子，拣豆子，装豆子，捡起滚落的豆子。 　　**解决问题的你**：你能对黄豆和黑豆进行观察比较，用筛子分离大小不同的豆子。 　　2. 感兴趣 　　你对分豆子充满热情，丝毫不觉得疲倦。 　　3. 承担责任 　　多次将洒落在桌面上的豆子拣进筐里。将各种工具与材料摆放整齐、井井有条。	**给教师的话** 　　**提供环境材料** 　　在今天的分豆子个别化学习活动中，教师为幼儿提供了大小不同、颜色不同的豆子和各种分豆子工具。 　　教师创设厨房劳动的情境，培养幼儿简单的生活劳动能力，综合发展幼儿的观察能力、认知能力。 　　**关注学习活动** 　　后续的分豆子活动中，幼儿可以进行分豆子比赛，探索更便捷的分豆子方法。 　　**鼓励表达表现** 　　利用多元环境为洋洋创设大胆表达表现的机会。 　　**携手家园共育** 　　引导家长在家庭中开展厨房劳动活动，让幼儿体验劳动的乐趣，提升劳动能力。

（上海市宝山区盘古幼儿园　周珏红）

"牛奶工厂"的故事

　　蒙台梭利认为，唯有通过观察和分析，才能真正了解儿童的内在需要和个别差异，以决定如何协调环境，并采取应有的态度来配合幼儿成长的需要。教师在幼儿个别化学习活动中实施观察，有助于设计较为适宜的活动内容，及时调整活动材料。

　　教师在撰写"学习故事"时，可进行简短的导入，阐明为什么观察、观察什么、观察谁以及怎么观察。

　　在个别化学习活动中，教师主要观察三方面内容：幼儿自身的学习品质，如兴趣、自主、专注等；幼儿与同伴或教师的互动，包括交流、协商、合作等行为；幼儿与材料的互动，主要指向材料的可玩性、层次性、支持性等。

　　（1）第一步：进入现场——真实观察与白描记录

　　在"牛奶工厂"的故事中，观察者对一名幼儿进行了3次观察，分别是"倒牛奶""给牛奶调色""按任务卡制作牛奶",呈现了幼儿在该学习区域持续的学习行为。在故事的第一次"注意"部分,呈现了轩轩小朋友将牛奶从桶中倒入瓶中的四种方法;第二次"注意"部分,轩轩又解决了牛奶颜色不够深的问题,最后遇到漏斗堵塞的问题;第三次"注意"部分,轩轩按照任务卡上的水果图片数量,完成了牛奶的制作和装配。在持续的观察中,观察者记录了幼儿的探索过程,展现了探索结果,抛出了问题重点和难点,描述了幼儿如何在已有经验的基础上获得新经验。

(2) 第二步：化解疑惑——学会倾听与访谈

观察者通过记录幼儿与他人互动时的语言,清晰地了解到幼儿的想法。同时,当观察者对幼儿的行为有疑问时,可进行访谈。一般情况下,观察者可以在活动结束后,或个别化学习活动的分享环节对幼儿进行访谈。访谈问题不宜过多、过长,观察者简明扼要地抛出关键问题,耐心倾听幼儿的讲述。访谈问题不可带有观察者的主观判断,主要指向活动内容,帮助幼儿回忆活动过程。

(3) 第三步：科学解读——循证分析与识别

在"牛奶工厂"的故事中,观察者对三次"注意"均进行了识别,对关键行为所反映的核心经验及心智倾向进行了概括。识别内容可以是单次的,也可以是阶段性的分析。

识别的内容,必须佐以"注意"部分的具体描述,也可在"识别"部分简要说明该描述内容的由来,切忌"空穴来风"或"无凭无据"。

(4) 第四步：实践跟进——多元反思与回应支持

在"牛奶工厂"的故事中,观察者通过"给你的话""给家长的话"和"给我自己的话"分别对孩子、家长、教师三方进行反思和回应,全方位地支持幼儿的学习和发展。另外,观察者提出了继续在其他活动中观察幼儿与人沟通的意愿和能力,不同活动中幼儿的表现可能有着天壤之别,教师不应管中窥豹,应多方求证,从而给予幼儿最适切的教育。

(5) 第五步：多元澄清——分享故事与积极共创

分享"学习故事"应该成为教师的专业自觉和教育常态：与幼儿分享,倾听幼儿的声音;与家长分享,听取家长的声音;与同事分享,汲取他人的智慧。

正如"牛奶工厂"的故事中写道："通过这样的自评、他评,让我们看到了全方位学习中的幼儿以及幼儿的学习，三方共创让'学习故事'的作用和意义更加深广。"

附："学习故事"《"牛奶工厂"的故事》

故事时间：2018 年 11 月 5 日—11 月 8 日

故事主角：轩轩（男孩，中班，5 岁半）

故事背景

结合中班主题"在农场里"，教师创设了"牛奶工厂"的个别化学习活动内容。在这个区域，需要幼儿通过挤"牛奶"、调配不同口味的"牛奶"、按照任务卡配送"牛奶"来完成一系列情境任务。

轩轩多次选择了该区域，教师对轩轩的 3 次学习活动进行持续性观察、识别及回应。

1. 注意

（1）观察日期：2018 年 11 月 5 日

你准备将"牛奶"进行装瓶。你把一个牛奶瓶放进装有少量"牛奶"的奶桶里，舀了一下说："哎呀，不行呀，都倒出来了。"你一共舀了 10 次，只有 1 次装到了一点"牛奶"，当你再次将瓶口朝下时，那一点"牛奶"又倒回了桶中，你说："都倒出来了。"

你两手抓起桶的边缘，对准牛奶瓶的口子往里灌。可是"牛奶"都流到了瓶子外面。你拿来餐巾纸把桌上的"牛奶"擦干。

| 舀"牛奶"装瓶 | 用桶灌"牛奶" | 用纸擦桌子 | 拎桶灌"牛奶" |

　　你又换了一个方法，一手拎住桶把手，一手拿着牛奶瓶，把桶里的"牛奶"倒进瓶里。你动作很慢，牛奶桶摇摇晃晃的，怎么也对不准瓶口。"牛奶"还没从桶里倒出来，你就停止了这个动作，自言自语："这样会倒在桌子上的。"你把牛奶瓶放到桌上，用手提着桶，对准瓶口开始倒"牛奶"，"牛奶"又流到了桌子上。你转身跑去拿纸巾把桌子擦干净。

　　这时，你看见了同桌的小伙伴用漏斗灌"牛奶"。等他操作完，你从他那里拿来漏斗，照着做。这次你倒"牛奶"的动作明显加快，"牛奶"全部倒入了瓶中。

观摩同伴的方法

用漏斗灌"牛奶"

　　（2）观察日期：2018 年 11 月 7 日

　　在第二次个别化学习活动时，你选择给"牛奶"调色。你拿起一个贴着草莓图案的牛奶瓶，说："上面有图案的。"你从材料筐里选择了一张红色的皱纸放入搅拌机，摁下了开关，随后又往搅拌机中加了一张红色皱纸。

　　搅拌机停止工作后，你将搅拌机中的"牛奶"倒入牛奶瓶。你看着瓶子里的"牛奶"说："颜色好淡。"接着，你把瓶中的"牛奶"重新倒入搅拌机，又放入两张红色皱纸。你又陆续向搅拌机中加了 3 张红色皱纸，仔细观察搅拌机中的"牛奶"颜色后，说："还好，不淡了。"

给"牛奶"染色

　　你拿来漏斗，将搅拌机中的"牛奶"倒入瓶中，但是搅拌机中的皱纸残渣堵住了漏斗口，"牛奶"无法流出。你看着漏斗说："哎呀，哎呀，怎么不下去了？"于是，你轻轻摇晃漏斗，让"牛奶"顺利漏了下去。

(3) 观察日期：2018 年 11 月 8 日

你进入"牛奶工厂"后发现挤奶工还没挤好"牛奶"，就直接拿量杯接了水倒入了搅拌机。你往搅拌机里放了一张红色皱纸，看了一眼任务卡，然后摁下了搅拌机的开关。

任务卡

使用搅拌机制作"草莓牛奶"

把水倒入搅拌机

一会后，你打开搅拌机盖子确认了"牛奶"的颜色，并从推车里拿出贴有草莓标志的牛奶瓶。你拧开瓶盖，将搅拌机的尖嘴对准瓶口，倒入"牛奶"。接着，你又开始制作"蓝莓牛奶"，装瓶。

结束音乐响起，同伴说："结束了，收东西了。"你先把量杯里的水倒入搅拌机，眼看"蓝莓牛奶"要溢出来了，你停了下来，把剩下的"蓝莓牛奶"倒回量杯中。

你双手举着量杯，走到了材料筐前，把量杯里的水都倒入了材料筐。然后，你和同伴一起把所有的材料放进材料筐，用抹布把桌子擦干。

2. 识别

(1) 专注愉悦、反复尝试

整个活动中，你非常专注。在装"牛奶"的过程中，你一共尝试了 4 种方法，直到把"牛奶"成功装瓶。

（2）善于观察

当"牛奶"洒到桌上时，你会迅速用纸巾擦干净。你会观察同伴使用漏斗的方法，并学以致用。

（3）善于发现

你发现了水果和皱纸之间的颜色对应关系，认识到搅拌机里的皱纸越多，"牛奶"颜色越深。

（4）仔细观察、乐于尝试

你对"草莓牛奶"颜色的变化感到好奇并仔细观察、反复确认搅拌机中"牛奶"的颜色浓度；你发现漏斗堵住了，尝试晃动漏斗解决问题。

你通过观察，了解任务卡上的要求，将所有的"草莓牛奶"都装瓶后，再去完成"蓝莓牛奶"的制作任务。

游戏结束后，你会主动拿抹布把桌子擦干净，把所有的材料放入材料筐。

3. 回应

（1）多玩、大胆玩

我会提供更多装水的工具，丰富你的操作经验，锻炼你的精细动作。

（2）会看、会互动

我会增强你对周边事物的好奇心及探索兴趣，引导你与更多材料、同伴互动。

（3）多试、多验证

我会给予你自主探索的空间，让你通过操作来验证自己的猜想。

（4）敢说、会借力

我也会进一步和你讨论交流如何给"牛奶"调色，并提供需要的辅助材料，满足你的探索需求。

（5）给幼儿的话

你始终沉浸在自己的活动中，遇到困难时会有些着急。你可以大胆和同伴说出你的想法，请同伴或老师帮忙。

（6）给家长的话

轩轩做事专注认真，但在与人沟通及解决问题上不够主动，希望你们能多提供机会让他独立解决问题,多与他沟通,锻炼他的表达能力。

（7）给老师的话

轩轩的学习方式偏独立、自主,那么在其他活动中,他的表现如何呢？我需要继续关注。

4. 别人对轩轩的评价

我将"牛奶工厂"的故事与班级幼儿、轩轩的家长和轩轩进行了分享,并请他们说说感受。

（1）爸爸说

轩轩,在爸爸眼里,你一直是个专注、执着的孩子,你有很强的目标感,也擅于独立思考与解决问题。

（2）伙伴说

第一次倒牛奶的时候有点失误,但是没关系,第二次更好,第三次最棒！

你在第一次倒牛奶的时候没有成功,是因为牛奶桶太大了,后来看到元元用了漏斗,你也用了漏斗,这样就成功了。你没有东张西望,仔细地把一张张红色皱纸放进搅拌机里,并用漏斗把"牛奶"倒进瓶子里。最后,你还把桌子整理得干干净净。

（上海市宝山区高境镇三花幼儿园　宋蔚）

合作中的你们

故事时间：2019 年 4 月 22 日—5 月 10 日

故事地点：大一班活动室

故事主角：童童、优优

观察方法：追踪观察法、连续观察法、微格观察记录法

观察工具：手机摄像和录音笔

（一）第一个故事(4 月 22 日)

1. 注意

片段一：操作环节(第一次合作)

童童和优优,今天老师看到你们两个第一次合作设计车牌。你们商量着分

工,优优排数字卡片,童童记录。当童童写错数字卡片顺序时,优优重新播报了一次,可是童童还是写错了。此时,优优拿过童童手中的笔开始记录,并和童童说:"还是我来写,你来排车牌吧。"

商量分工

童童记录错误

片段二：分享环节

在分享新设计的车牌时,优优推着童童说:"我刚举手说过了,现在你来介绍吧。"童童点点头,站了起来,声音较轻,还不停拽自己的衣角。

童童介绍车牌

片段三：操作环节(第二次合作)

这次需要用四个数字卡片设计车牌,我看到你们两人又在一起合作。优优对童童说："这次我摆数字卡片并写下来，你看看我对不对，好吗？"童童笑了笑。优优开始先排数字卡片"1243"，边念边记录数字，记录完后问童童是否正确，童童点点头。完成之后，优优写上自己的名字，并对童童说："你的名字我不会写，你自己写上去吧。"童童接过优优手中的笔，写上自己的名字。

| 优优排列并记录 | 两次合作的操作结果 |

2. 访谈

教师：今天你们两个一起完成设计新车牌的任务，开心吗？

优优：我很开心。

童童：开心的。

教师：什么时候最开心？为什么？

优优：童童写名字的时候我最开心。因为童童写好名字，我们就完成了。

童童：第一次优优排，我来写的时候。因为我们两个一起做的。

教师（问优优）：第二次为什么你一边写一边排呢？为什么不让童童试一试呢？

优优：因为童童不会。

教师（问优优）：你愿意下次再和童童合作吗？

优优：愿意，我会教她的。

教师（问童童）：第二次，为什么是优优一边写一边排？

童童：因为我不会。

教师（问童童）：如果再让你试一次，你能一个人排吗？

童童点点头，没有回答。

3. 识别

在第一次操作中,我看到你们始终选择彼此作为合作伙伴,能认真负责地完成自己所接受的任务,并乐意承担责任。

在第二次操作时,优优提出新的分工方式时,能征求童童的意见,童童也愿意接受优优的建议。合作中你们能相互尊重,获得对方的认同。在课后的访谈中,你们都表达了自己参与合作后的愉悦心情,良好的沟通让你们的合作变得很愉快。

4. 回应

感谢你们对我说了心里话,让我真正了解和读懂你们,悦纳你们在合作过程中的一言一行。

优优,当你和童童在合作中遇到困难时,不要急,告诉她怎么记录是正确的,鼓励她和你一样,看着数字牌边念边写就不容易错了。这样童童会进步得更快,以后你们的合作一定会更成功。

童童,在优优的鼓励下,你能大胆站起来和同伴们分享。你每次回答问题时,都会拉拉自己的衣服,好像在给自己打气。当遇到困难时,你可以再坚持一下,或者自己再努力试一试,相信你行的。

(二) 第二个故事(5月7日)

1. 注意

第一个微格片段：引入环节

提问:"狗熊邀请好朋友来做客,应该准备些什么?"童童和优优把手举得高高的,童童大声回答:"狗熊为他们准备很多好吃的。"

优优说:"如果他们已经到了,狗熊还可以倒杯茶,和他们聊聊天、讲故事。"

第二个微格片段：操作环节(第一次合作)

操作要求：两人合作,一人画出等分的方法,另一人进行验证。

优优拿过剪刀说:"我来剪,行吗?"童童点点头,拿起笔在正方形纸上画了一个"十字"。优优按照童童画的分法开始剪。接着,童童准备画第二种四等分方法,优优对童童说:"你等等我,我还没有剪好。"童童停了下来。过了一会,童童画第二种等分方法,优优也已经剪好,并将剪好的四块小正方形重新拼在一起。

第三个微格片段：操作环节(第二次合作)

操作要求：两人互换分工，尝试体验多种等分法。

优优在纸上画了三条横线，童童按照优优画的等分法在纸上横着剪了三刀。剪完后，她把剪好的部分拼在一起。第二次，优优在操作纸上画了三条竖线，童童就沿着线竖着剪。第三次，优优看了看童童剪好的纸，在操作纸上画了两条斜着的平行线，对童童说："你试试这样剪。"童童开始按照优优画的剪，剪到一半，她停了下来。她将剪好的部分数了数，拼起来，又看了看优优的画法，说："我好像剪错了。"于是，她又重新拿了一张长方形的纸剪了起来。

2. 访谈

教师：今天你学会了什么本领？你什么时候最开心？

优优：我今天学会了把不同形状的食物分成四份。看到最后三个答案的时候最开心，因为倒数第二个，我差一点就能想到了。

教师：说明你就差这么一点了，如果我再给你一点点时间，会怎么样？

优优：我就能想出来，就能成功了。

教师：你觉得童童表现怎么样？

优优：她很棒，我今天没有帮她，她也能自己画出来，剪出来。

教师：今天你学会了什么本领？你什么时候最开心？

童童：今天我和优优一起把饼分成四块。在优优写名字的时候，我特别开心。

教师：为什么？

童童：说明我们顺利完成了任务。

教师：优优今天说你很棒，她没有帮你剪，你也能想方法剪成功。

童童：我听了很开心，因为今天我自己动脑筋了。

3. 识别

在合作环节中，你们两人能通过语言、动作进行交流沟通，优优能大胆说出自己的想法，并征求同伴童童的意见，一起合作完成。

当我提出"和你的好朋友一起完成任务"时，你们不约而同地选择了对方。在今天的合作过程中，我看到了你们的改变。

童童，今天你起身回答三个问题时，都没有拉自己的衣角，变得自信了。在第二次合作时，你能用拼搭的方式检查优优画的方法是否正确，勇于承担自己的任务。遇到困难时，你没有马上去找优优帮忙，而是再次尝试。你的坚持和不退缩让我觉得很欣慰。

优优，你没有像上次一样代替童童动手操作，而是让她自己想办法试一试。在访谈中，你告诉我，童童进步了，你们一起合作速度更快了，还找到了更多不同的等分方法。童童的进步，更要谢谢你的改变和鼓励，童童会因为有你这样的好队友而感到高兴。

4. 回应

你们愿意接受我提出的建议并努力改变自己。合作就是大家一起做一件事情，有明确分工，相互帮助而不轻易代办。在合作中，你们找出了更多解决问题的方法。在今后的学习、生活和游戏中，老师希望你们能够不断尝试合作，体验与同伴合作带来的成功和喜悦。

运用"学习故事"的方式对幼儿进行课堂行为连续性观察，具有深远的意义。我不仅看到幼儿在合作中的精彩表现，而且能看到她们的学习困难。我既对两人的共性行为进行剖析又对两人分别进行了个性化的解读，尊重每个幼儿的个体差异。

结合大班幼儿社会性发展的目标（学会合作）对应心智倾向中"沟通和承担责任"的内容，观察幼儿在合作中的行为并给予下一步计划和支持。在"学习故事"的回应中，幼儿们能针对我的意见进行改变，并理解了合作的真正意义，这就是运用"学习故事"进行课堂观察的价值所在。

（上海市宝山区小鸽子幼稚园　韩莉）

与你一起从"啊"到"哇"

故事时间：2018 年 10 月 25 日

故事主角：中班男孩小黄

故事地点：幼儿园中班语言活动现场

观察方法：追踪观察法、事件取样法

《换一换》是一个奇妙又有趣的故事，故事中的小动物们愉快地和自己的朋友交换叫声。教师让中班幼儿尝试用声音、名字等方式和好朋友"换一换"，大胆地表达。通过不断变化游戏的难度,培养中班幼儿的记忆力和倾听能力,体验和朋友一起游戏的乐趣。

通过与你的班主任沟通,我收集了如下信息：语言活动中,你善于表达,能在集体活动中专注地倾听,能根据画面信息说出故事情节。当你的内心情感没得到满足时,也会用抗拒来表达自己的心情。

学 习 任 务	故事线索(发生了什么)
导入环节 "模仿叫声"	教师说："今天请来了很多好朋友,它们都会说话,都有自己的叫声,那么它们是怎么叫的?" 你身体微微前倾,两脚分开,手撑在腿上,看着老师,嘴巴微微张着。
游戏环节 "两两换叫声"	你认真看着伙伴们玩着"换一换"的游戏,把小手放在嘴边,开心地换着叫声。
游戏环节 "两两换名字"	教师说："接下来,请你们两人一组互换名字。"教师介绍着换名字的方法,你右手摸着耳朵,认真地听着。
	教师问："谁愿意来试试?"最右边一个举手的女生被邀请了,你身体前倾,转头看着被邀请的伙伴。 教师走到你面前,伸出手邀请你,你摇摇头说："我不愿意。"
延伸环节 "还可以换什么呢?"	教师说："我们不光换了叫声,还换了自己的名字,回去以后还可以换一换什么呢?"你和旁边的女生讨论起来。
	教师再次来到你面前,说："你刚才说得很好,可以大声一点告诉我们吗?" 你把手放在嘴边问："啊,我说了什么?"
	教师说："提示你一下,你刚才说可以交换一些玩的。" 旁边的女生说："他说可以交换玩具。" 教师问："你是说交换玩具吗?" 你弓着身体说："不是我说的。"
活动后交流 "可以告诉我原因吗?"	活动结束后,教师和你交流,问："今天,你为什么不愿意尝试呢?" 你看着教师摇摇头。 教师再问："有几次看到你想说,但又没说,这是为什么?" 你再次摇摇头说："我不知道。"

续　表

学 习 任 务	故事线索(发生了什么)
我与你的访谈环节	我拉住你的手,说:"我很想认识你,因为我很欣赏你。"你抬起头看看我,坐在我旁边,又低下了头。 我说:"你看起来有点累,是吗?"你点点头。 我再问:"我猜你想参与游戏但又不愿意是因为累了。"你抬头再看看我,点点头。 我接着说:"虽然你很累,但你一直能坚持上完整节活动,而且在活动中也没有东张西望,所以我很欣赏你。" 我说:"我很想和你玩换名字的游戏,行吗?"你点点头。 我说:"我叫璐璐。"你笑了。 看到你笑了,我接着说:"璐璐这个名字太简单了,你那么聪明,我要给你难一点的考验。"你再次笑了笑。 我说:"我有个大名,有难度哦,叫杨璐铭,一会我先介绍自己。"你笑着点点头,然后击掌后我们就交换名字。 我和你先说自己名字,接着击掌,刚击掌完,你立刻大声说:"我叫杨璐铭。"说完你又笑了,我和一起访谈的老师都为你鼓掌。 我最后问:"如果现在不换名字,换其他的,你可以换什么呢?" 你开心地说:"可以换棒棒糖呀! 换玩具呀!"

识　　别	回　　应
1. 在坚持 　　虽然你有点累,但你的眼睛始终跟随老师,并能坚持到活动结束,对于中班上学期的你来说真的很不容易。 **2. 在参与、会沟通** 　　你能仔细倾听,理解游戏的规则并遵守我们的游戏约定,主动表达。 **3. 在探究** 　　在游戏时,你很快记住了我的名字。当我增加游戏难度时,你也乐意接受,快速反应,击掌后立刻大声说出我的大名。	谢谢你对我的信任,告诉我你的真实感受。因为那个小女生不愿意和你坐在一起,你有了一点小情绪。 　　相信会沟通的你,一定有比"小小的抗拒"更好的沟通方式。 　　除了换好吃的棒棒糖,你还想到换玩具,那还能换些什么呢? 相信敢于挑战的你,今后一定会想出更多的玩法和游戏规则。

我想对教师说

1. 评价需建立在倾听和理解的基础上

　　评价是对事或人进行判断、分析的过程。有时面对幼儿具体的行为表现,教师的评价往往让幼儿有些惧怕,并非因为教师的评价不够客观,而是缺乏倾听与理解。

　　中班幼儿已渐渐有自我意识,能认识到自己的情绪,但情绪的适当表达还需要成人的引导。班级教师在活动中能及时关注幼儿的消极情绪,在活动后与其谈话。但班级教师看似解读幼儿的行为,却对幼儿进行了否定性评价,引发了幼儿的抗拒。若班级教师能先从幼儿消极情绪的源头出发,突破幼儿

续　表

我想对教师说
的心理防线,谈话也就不会进入僵局。而我先倾听理解幼儿的情绪,与其建立信任关系,突破幼儿的心理防线,让他不再抗拒。 **2. 评价需符合幼儿心理且维度多元** 　　幼儿都喜欢听故事,"学习故事"正好符合幼儿的心理特点,用讲故事的方式让幼儿看到自己是有能力的学习者。《3—6岁儿童学习与发展指南》中提到,中班幼儿在活动时,愿意接受同伴的意见和建议,教师需结合具体情境,慢慢引导幼儿换位思考,尝试学习理解别人。当教师察觉到幼儿的学习困难时,不能装作没看到或进行简单的评价。"学习故事"让我用多维视角去看待幼儿的学习。

（上海市宝山区小天使幼儿园　杨璐铭）

附录二：教师的成长故事

基于"学习故事"的幼儿观察评价研修行动，让我们真实地感受到了教师的成长。这些鲜活的成长故事让我们的研修之路走得坚定而从容。

我 的 成 长 记

通过第一次团队活动，对"学习故事"一知半解的我相信：每一个儿童都是有能力、有自信的学习者和沟通者。与此同时，团队中这些扎根"学习故事"本土化研究的老师们对教育的热忱深深感染了我。

2019 年 11 月，师傅鼓励我试着写"学习故事"，并给了我素材——月亮老师的集体教学活动视频，很多问号在我脑海闪现：没有现场观摩能写吗？试教里不是自己班的孩子能写吗？……这时候我翻出了《另一种评价：学习故事》和《蜕变，遇见更好的自己：关键教学事件研析与经验教师成长》两本书，并仔细研读了一遍。

再一次翻看活动和访谈视频时，我告诉自己要冷静。视频中，一个穿着黄色恐龙图案衣服的男孩吸引了我的注意，老师问他："用透明水瓶看姚明叔叔，你发现了什么秘密？"他说："我发现姚明头变小了，变扁了，又变大了。"我被他的分享吸引了，好奇他发现秘密的过程。于是，我不停翻看集体教学活动的视频，在人群中寻找他，并走进了他的"学习故事"。

一、与"学习故事"的第一次对话

本次撰写故事的素材是视频，我便反复观看他的视频，分析他的动作，倾听他的对话。结合团队分享的导引单，我翻看了 5 个小时视频，记录了他在两次实验操作前后的所有细节。视频中的他变得更加鲜活了,好像站在了我面前,我看到了他发现秘密的过程。

"学习故事"改变了我的视角,让我发现集体教学中也有独一无二的学习。

(一) 进入现场——真实观察与白描记录

记得第一稿的时候,我这样写道:"你开心地拿起瓶子,全神贯注地观察着瓶子……"师傅认为,"学习故事"的撰写要使用白描的方法,不带有教师的主观色彩。"开心"不如换成"笑着","全神贯注"不如换成"仔细"。

不仅如此,我还体会到,要抓住故事中有价值的部分重点写,突出关键行为,反映幼儿学习变化和特质的过程。发现精彩时刻的秘诀在于从幼儿的视角理解他的行为,发现他在学习中表现出的学习品质。就这样,我把故事重点落在了他的两次实验操作中,努力用文字还原视频中的他,尝试用白描的方式进行真实记录。

(二) 化解疑惑——学会倾听与访谈

我是在访谈中注意到黄衣男孩的,对他发现秘密的过程感到好奇。"学习故事"并不拘泥于形式,而是要看见幼儿,倾听幼儿,解读幼儿,并促进幼儿的学习发展。

(三) 科学解读——循证分析与识别

对于新手教师来说,看见集体教学活动中独一无二的学习,最难的是识别。通过团队活动,我基于"学习故事"的"幼儿心智倾向的观察分析导引单(表现性水平描述)",结合两次实验操作中幼儿的表现,发现黄衣男孩是个积极快乐的实验者。在"承担责任"线索中,他是个担当者,能和同伴按类别整理好实验材料。在"遇到困难或不确定情境能坚持"线索中,他是个大胆尝试的创造者,变换瓶子看照片,探索影像变化的秘密。在"与人沟通"线索中,他是个善于表达的沟通者,发现影像变化的秘密时,能主动和同伴、老师分享……

在这样的过程中,我努力读懂幼儿。与"学习故事"的亲密接触,让我逐渐从关注活动目的转为关注幼儿在活动中的体验,看见独一无二的幼儿。

(四) 实践跟进——多元反思与回应支持

回应是针对识别的内容,通过当下支持和后续支持促进幼儿发展。幼儿可以在自由活动的时候,和我们分享自己的发现,介绍自己设计的记录表,让同伴从自己的分享中获得经验。

（五）多元澄清——分享故事与积极共创

我怀着忐忑的心情与黄衣男孩分享这个故事，他说很喜欢我的故事，他妈妈也从故事中看到了不一样的孩子，感到非常欣慰。

与幼儿连接，和教师连接，与家长连接，评价不是为了评判幼儿，而是与幼儿、家长共同体验幼儿成长的过程，感受成长的力量。

附："学习故事"《与我分享秘密的黄衣男孩》

故事时间：2019 年 11 月 6 日

故事主角：黄衣男孩

观察途径：集体教学活动视频

1. 注意

视频中，你穿着黄色的印有恐龙图案的衣服。老师问你："用透明水瓶看姚明叔叔，你发现了什么秘密？"你说："我发现姚明头变小了，变扁了，又变大了。"我被你的分享吸引了，好奇你发现秘密的过程。于是，我再次翻看集体教学活动视频，走进了你的"学习故事"。

　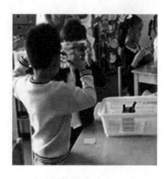

拿起瓶子仔细观察　　　　　　　与同伴隔着瓶子互看

第一次操作开始了，你笑着拿起瓶子，眼睛凑近瓶子仔细观察，并和旁边的伙伴隔着瓶子互看。接着，你拿着水瓶看桌上老师提供的图片，身体慢慢往后仰，你立刻告诉同桌："我看到姚明变这么大，眼睛、鼻子、嘴巴、耳朵、身上的衣服都变大了。"

第一次操作结束了，很多孩子已经坐回位子上，你和几个伙伴在整理实验桌。你们把桌上的东西摆放整齐,还把椅子推到桌子下面。

第二次操作,你对着照片看了看,然后在记录表上记录观察结果,你笑着告诉同桌:"我发现姚明叔叔的头变得这么长了。"说完你在记录表的空白处画上小人。

主动整理材料　　　　　　　　主动记录　　　　　　　　记录表

这时,旁边的女孩说:"我发现姚明叔叔变短了,短怎么写啊?"你说:"短啊,就箭头对箭头。"

认真实验　　　　　　　　记录表

你不断地变换着瓶子的方向,记录着水瓶中照片的变化情况。这时,你哈哈大笑起来,说:"你们快看,你们来看我的,他像外星人,我发现他的眼睛变长了!"你在记录纸的空白处,画上了两个眼睛和箭头。

2. 识别

第一次实验操作,你积极探索透过水瓶看物体的有趣现象。第二次实验操作,你反复探索,并记录自己的发现,你真是个积极快乐的实验者。你也勇于承担责任,能和同伴按类别整理好实验材料。

不仅如此,你还是个大胆尝试的创造者,能通过变换瓶子,探索影像变化的秘密,用自己的方式进行记录。

你更是个善于表达的沟通者。当你发现影像变化的秘密时,能主动和同伴、老师分享。当同桌不知如何记录时,你能积极主动地回应。

与老师分享发现　　　　　　　　　　　积极帮助同伴

3. 回应

我为你的发现感到快乐,你可以在自由活动的时候,和老师、同伴分享你的发现。你也可以帮助同伴一起养成整理的好习惯。

二、"学习故事"之"变"

(一) 毛毛虫之变

把"学习故事"与黄衣男孩一起分享后,他说很喜欢这个故事,因为他觉得被老师重视了。

与男孩的妈妈分享这个故事后,妈妈说:"原本我以为孩子调皮又捣蛋,阅读了老师写的'学习故事'后,我发现他原来这么乖巧、懂事,还很有能力。"看到孩子脸上洋溢的快乐,妈妈也对孩子充满信心。

带着爱和喜悦分享孩子的学习与成长,我真切地感受到,家长在阅读"学习故事"时的激动与喜悦。正如在《另一种评价：学习故事》中写道：学习故事不仅仅是一个工具，它还像一颗投入湖水中的小石子，会带来涟漪。

"学习故事"让我努力成为对幼儿有用的教师，成为一名温暖的幼儿园老师。

在寻常时刻中看见和发现孩子的学习，并以此作为教学和评价的切入点，为幼儿提供进一步学习的机会和可能，支持他们的主动学习和探究。

带着爱和喜悦与幼儿、家长分享孩子的学习与成长，让我对孩子的评价有温度，也有了深度。

（二）破茧而出，化蛹成蝶

1. 破茧——带着爱和喜悦，欣赏每一个孩子

捕捉幼儿每日生活和学习中让人惊喜的时刻，用图文并茂的形式呈现他们作为"有能力的、有自信的学习者"的形象，在分享"学习故事"时和他们一起回顾学习历程，让他们看到自己的成长，进一步激发学习和成长的力量。

2. 成蝶——将"学习故事"带入幼儿的家里

在每一次的观察和记录中，家长逐渐了解到孩子的已有经验和需要，并给予孩子适宜的支持。

变思路，走进"学习故事"团队，相信每个儿童都是有能力的学习者；变角色，变成好奇教师，变成有趣玩伴；变理念，努力成为对幼儿有用的教师，在寻常时刻中看见和发现孩子的学习，对孩子的评价有温度，更有深度。

（上海市宝山区祁连镇中心幼儿园　张梦婷）

勇　气

"稻子和麦子"是中班主题活动"在秋天里"的集体教学活动，但从小居住在城市的幼儿缺乏相关生活经验。在家长的帮助下，我们找到了稻子和麦子，一同走进了中班日常教学活动"稻子和麦子"的教学现场。

一、你的勇气

诗语，在与你的相处中，为你建立了"学习故事"档案。在"稻子与麦子"集体教学活动中，我看到了你的勇气。

（一）注意

镜头一：导入环节——"秋天的色彩"

我问："你看到了什么？"

你举起了手，说："我看到了秋天的色彩。"

我追问："什么色彩？你能说清楚吗？"

你说："黄色树叶的色彩。"

我回应："你看到秋天树叶的颜色发生了变化。"

你点头表示赞同。

镜头二：感知环节——"爸爸告诉我的"

我问："秋天，哪些东西丰收了？"

你侧身和旁边的男孩讨论着，并告诉我："秋天稻子丰收了，爸爸告诉我的！"

听完故事《稻子和麦子》，我问："故事里的稻子和麦子有哪些不同呢？"

你侧身和旁边的男孩交流着，说："稻子头上有个小缺口，爸爸告诉我的。"

我追问："除了爸爸告诉你的，还听到故事里说了什么？"

你停顿了下，说："我听到了麦子，这个爸爸没告诉我！"

镜头三：体验环节——"这是稻子"

我拿起稻子，问："这是稻子还是麦子呢？"

你开心地说："是稻子，剥开来有一粒粒米的就是稻子。"

操作体验，同桌的男孩问："哪个是稻子，哪个是麦子呀？"

你指指桌上的稻子说："这是稻子。"

小组分享："稻子、麦子可以做成生活中哪些食物？看哪组说出的食物最多。"

当我邀请得分最多的小组伙伴介绍时，你立刻微笑地向伙伴竖起了大拇指。

（二）活动后访谈

我坐在你身边，问："今天你主动和大家分享你所了解的稻子和麦子，但你一直说这是爸爸告诉你的！你爸爸怎么知道会有这节活动课？"

你笑着说："爸爸看了朋友圈，然后就告诉了我。"

我也笑了起来，说："哦！原来秘密在这里呀！"

我再问："那你可以说说麦子的特征吗？"

旁边的伙伴抢着说："它们种下去的时间不一样。""它们长得不一样，一个有缺口一个有刺。"

你说："麦子身上有刺，那个叫麦芒。"

我点点头，追问："还有吗？"

你接着又说："它们的家也不一样，稻子住在水田里，麦子住在旱田里。"

(三) 识别

1. 认知经验

《秋天的色彩》是我们学过的一首散文诗，你能运用里面的词汇丰富你的表达。

你在倾听了麦子的特征后，与大家分享了麦子与稻子生长环境的不同。

2. 心智倾向

当我与你对话时，你会等我说完才坐下；当我给你点赞时，你会学着用同样的方式为同伴点赞。你能用礼貌的方式回应老师和同伴。

3. 回应与支持

谢谢你和我们分享"朋友圈"的小秘密，相信在爸爸的帮助下，你会越来越有勇气。

前期因为爸爸的支持，激发了你浓浓的兴趣，使远离生活经验的知识点也不再成为学习的阻碍。

后期，我们会邀请"什么都知道"的爸爸走进幼儿园的课堂，完成你的心愿。

同时，我也对今天课堂教学中的关键教学事件以及师幼互动次数进行统计。

"关键教学事件-师幼互动"数据统计表				
总人数	个别回答	生生互动	操作体验	小组讨论
27人	13人	2次	1次	1次

从"关键教学事件-师幼互动"数据统计表中可以看出，聚焦关键教学事件，能体现师幼互动的公平性。

二、我的勇气

课堂上的其他孩子又会发生怎样的学习呢？我再次回看视频，计划从第一排一个叫崇崇的男孩开始撰写"学习故事"。

（一）注意

镜头一：导入环节——你参与着

我问："你看到了什么？"

你举起了手。

我请别的小朋友回答。

你立刻放下了手。

当我请第二个回答的伙伴回答完整时，你侧过身子看向她。

镜头二：感知环节——你积极参与着

我问："谁来说说秋天哪些东西丰收了？"

你半立着身子，高高举起手，直到我请其他伙伴回答，你才放下高举的手。

听完故事《稻子和麦子》，我问："故事里稻子和麦子有哪些不同呢？"

你和旁边的女孩说着，还看着屏幕用手比画着。

集体分享时，你立刻举起手，我还是没有请你。

当别人说完自己的想法，你再次往前倾斜，高高举起了手。

镜头三：环节快进——"惊出冷汗"

操作体验时，你拿着稻子和麦子观察比较着。

小组分享时，你将身体靠在旁边女孩身上，并在椅子上来回转动。

同伴分享时，你弯下腰，镜头里几乎找不到你。

（二）识别

1. 心智倾向

（1）会沟通

听到提问，你会主动举手；同伴回答时，你会认真倾听。

（2）乐探究

你持续保持着对活动浓厚的兴趣，即使没有被邀请，你仍然乐于和同伴分享。

2. 我看见自己教学的缺失

在活动中为了引起我的注意，你甚至探起身子高高举手。因为我的忽视，让你从一个积极主动的学习者变为置身事外的"隐形人"。

（三）回应

"每一个幼儿都渴望被关注！"稍一疏忽就有可能在日常教学中创造一个个"隐形人"。面对你的"隐形"，我也想视而不见，但作为"学习故事"的先行者，以执教者身份参与"学习故事"的撰写，真正的挑战是我们是否有勇气直面、剖析自己的每一节日常教学，让幼儿在学习中避免这样的"隐形"。

研析自己日常教学中一个个鲜活的教学现场，对话自己的教学行为与幼儿发展之间的关系，用"学习故事"的视角去分析"关键教学事件"，正是集体教学活动中"学习故事"实践研究的意义所在。

三、"学习故事"感悟

"学习故事"启发了我去发现每一个孩子的视角。在关键教学事件中，我们生成了"学习故事"二维码，创设了"学习故事"环境墙，和你们在一起，与你们共情。

11 个寻常时刻不寻常的"学习故事"

这不仅是你们的"学习故事"，也是我的"学习故事"，更是基于"学习故事"的幼儿观察与评价促进教师实践智慧生成的研究。我知道未来应该怎样更公平地

"学习故事"环境墙

对待每一个孩子，成为更专业、更有温度的教师。

（上海市宝山区小天使幼儿园　杨璐铭）

小香姑的变化

　　故事主角叫小香姑，性格偏内向，平时也有些胆小，很听话，也不经常麻烦我，是令老师放心却时常被忽略的角色。平时，她不愿主动表达自己的所见所想，当我询问她的意见时，她总是忽闪着大眼睛看着我，不说话。爸爸妈妈也常常因为她不愿在陌生人面前或集体活动中说话而发愁。走近"学习故事"后，我下定决心仔细观察小香姑，沉下心去"看"孩子。渐渐地，我发现了小香姑的变化。

一、注意

镜头一：你愿意表达了

　　有一次，我们在进行绘本《胖胖猪感冒了》的活动时，你表现出对故事很感兴趣。当我问道："胖胖猪今天看上去怎么了？"你马上举手说道："发烧了。"小香姑居然主动举手了，惊喜之余，我又立刻追问："那胖胖猪都不能上幼儿园了，谁来帮助它呢?"这时你又举起了小手,回答了我的问题。

我惊喜地发现,原来你是愿意跟老师交流的,有你喜爱的绘本故事作为载体,你也很愿意说出自己的感受。有了这样的发现后,在第二次的教学活动中,我又关注了你。

镜头二:你的表达更完整了

在分享绘本故事《大石头》时,我问你们:"现在这个大洞里躺着一块大石头,田鼠们该怎么办呢?"你马上积极地回答道:"把大石头弄成一小块。"我高兴得立刻表扬了你:"小香姑动脑筋了,真棒!"我又接着追问道:"为什么要把它弄成小块呢?"你认真地回答:"把它变成小小的石头,更容易搬走。"小香姑,你变了,变得爱说敢说了! 这样的惊喜让我忍不住想要发现你更多的不一样。

镜头三:专注的你

当保育老师推着餐车走进教室时,大家都扭头去看,你的眼睛却始终关注着我,关注着我讲的故事。

二、识别

在绘本教学活动中,我看到了不一样的你。每次只要上绘本活动课,你总是注意力高度集中。每一次活动,你都积极举手回答问题。因为对绘本的喜欢,你也愿意经常跟我交流绘本的内容。

在第二次的活动中,你不仅愿意表达自己的想法了,还会用长长的句子,语言词汇也更丰富了。

三、回应

给孩子的话:你对绘本非常感兴趣,可以跟我们分享你喜欢的故事。

给妈妈的话:孩子的语言发展离不开家园合作,平时在家可以多进行亲子阅读。小香姑非常喜欢绘本,妈妈可以利用绘本帮她积累词汇,鼓励她大胆表达。

我的教学推进策略:从关注语言集体教学转向关注生活和游戏中的语言教育。小香姑在绘本活动中的表现给了我启发,只要找到她的兴趣点,她就愿意表达自己。《3—6岁儿童学习与发展指南》里提到,幼儿的语言是在交流与运用中发展起来的。在幼儿园的一日活动中,生活和游戏活动是幼儿交流与运用语言最多的时候,我要在生活中与她多交流,在游戏中继续鼓励和引导她积极表达自己的想法。

从关注教师的"教"走向关注幼儿的"学"。通过"学习故事"的撰写,我看到孩子的语言发展需要从孩子的语言学习兴趣、方式和个体差异等角度切入。注意、识别和回应也让我意识到观察是为了让我了解孩子的学习过程和学习方式,从而为孩子的发展提供有效的支持策略。

四、我的感悟

沉默寡言的小香姑变了,变得更自信,更愿意大胆表达自己了。小香姑的故事让我的观察更有温度,也让我发现了孩子的成长轨迹。只要用心观察,悦纳每一个孩子,内向的孩子也会愿意开口和老师交流的。

在小香姑的故事里,我也在改变。坚守初心,认真观察,相信每个孩子都是有能力的学习者。"学习故事"让我学会了用专业的心走近孩子、发现孩子、支持孩子。

（上海市宝山区城市实验幼儿园　薛丽珺）

与"学习故事"的缘分

缘分让我走进了周金玉导师的学前教育研修团队。刚开始,我有种初生牛犊不怕虎的冲劲。第一天,看着团队里的姐妹"头脑风暴",海量的信息输出让我很吃惊,我感到自己无知又弱小。第一次研修结束,我一头扎进了理论学习中,迫切想了解"学习故事"。就这样我与"学习故事"开启了一份"缘"之旅。

一、缘起"看"——专业的拐杖

通过理论书籍的阅读,我了解了"学习故事"的注意、识别、回应,"学习故事"的评价模式,"学习故事"的意义……

我知道了幼儿的学习结果并没有那么重要,更重要的是幼儿在学习过程的态度、行为和习惯,也就是学习品质。我开始尝试细致地观察幼儿,及时捕捉他们在生活学习中的精彩时刻,感受每个幼儿的独一无二、与众不同。

二、缘起"写"——专业的船舵

工作中,我时常会进入班级关注年轻教师的带班情况。一次偶然的巡班过程,让我发现了故事的主角——辰辰。

李老师的抱怨:"我们班那个辰辰每次上课就喜欢插嘴。"

"你们真不知道,他就是不听别人说什么,只想自己说。"

"我真拿他没办法,好好的一项活动总被打乱。"

难道这个孩子真如李老师说的如此"糟糕"吗? 跟随研究团队学习的这段时间,"换个视角去看孩子""悦纳和相信孩子""孩子是有能力的学习者"这些理念深深影响着我。于是,我走进了李老师的教室,去观察辰辰的真实状况。同时,结合我们子团队的课题"以'学习故事'为载体提高教师课堂观察能力的实践研究",写了一篇《爱说的小嘴巴》与李老师共学习。

附:"学习故事"《爱说的小嘴巴》

故事时间：2019 年 4 月

故事主角：辰辰(小班,男孩)

辰辰是小班男孩,常常说话着急,想法很多,不喜欢听别人说话,任何事情喜欢抢,总想第一个知道、第一个回答,就连爸爸妈妈来接送,也要第一名。

本次集体教学活动是小班主题"黑白皮毛的动物"中的语言活动"小熊猫看戏",教学目标为"引导幼儿发现不同花纹的黑白皮毛的动物,鼓励幼儿大胆说话"。

1. 注意

环　节	描　述
第一环节是谈话活动,引出主题	师说:"机器狗开了一家戏院,邀请朋友来看戏。" 你说:"老师,机器狗会邀请我吗?" 师说:"辰辰,老师刚开始讲故事,还没有讲到邀请谁呢,仔细听。"
进入第二环节边讲故事边提问	师问:"机器狗邀请黑白皮毛的小动物来看戏,猜猜谁会来呢?"(其他孩子都没反应时,辰辰已经一边举手一边开始说了。) 你说:"老师,我来说,我来说。"

续　表

环　节	描　述
进入第二环节边讲故事边提问	（老师没有邀请你，邀请了你旁边坐得好的朵朵小朋友回答，问题的答案被一一讲完，你急得冲到老师面前。） 你说："奶牛也是他的朋友。" （老师示意你坐到座位上。） 师说："对的，是的，下次老师请到你回答时你再回答，好吗？"
第二个环节，继续讲述故事后提问	（你回到座位上，老师继续讲故事"来了一只小熊，也想进戏院看表演"，你又从位置上跳了起来。） 你说："让它进去看戏，让小熊进去看戏。" 师说："辰辰，老师还在讲故事呢，我们听听机器狗邀请谁了。" （老师的声音有些生气。） 你说："机器狗要小熊进去看戏的。" 师说："机器狗邀请黑白皮毛的动物进去看戏，小熊不是黑白皮毛。" 你说："机器狗最坏了，我不喜欢机器狗。" （老师用眼睛瞪着你。） 师说："你能不能听完老师讲的再说话呀！" （你低下了头，嘴巴里还在嘟囔着。） 你又说："机器狗最坏了。" 故事活动在你的嘟囔声中结束了，你重复着"机器狗没有邀请小熊看戏"。

2. 访谈

与辰辰访谈

我问："辰辰，今天的黑白皮毛的动物你了解了吗？"

辰辰回答："我都知道的，还有企鹅是黑白的呢。可是我很不开心，李老师都不请我说。"

与教师的访谈

我问："在活动中，看到辰辰很想说，你都没有请他。"

教师回答："辰辰总是插嘴、抢着说，影响其他小朋友学本领，所以我不想请他。"

我问："孩子平时表现如何？"

教师回答："辰辰刚进幼儿园时，我就让他有话就说、畅所欲言，本来是想让他有多说的机会，殊不知现在争着说、抢着讲，不愿倾听其他小朋友或者老师说话。与爸爸妈妈沟通过，在家时只要辰辰想说话，全家人都要停下来听他说话。他还经常打断别人说话，爸爸妈妈也不批评。"

3. 识别

（1）心智倾向

你对活动感兴趣，非常愿意解答问题。每次老师刚问完，你就要抢着回答。

你乐于表达，在活动中不断说出自己的答案。

你积极观察图片并大胆猜测答案，能随着故事的开展表达自己对机器狗的情感，还大声说出自己的感受。

（2）核心经验

你对这次活动中关于黑白动物的知识知道得比较多，故事里出现的黑白动物对你来说缺乏挑战性。

（3）学习困难

在活动中，你总是没等老师说完就抢着说，有时着急还会发小脾气。

4. 回应与支持

（1）注意倾听

你很想说，也很愿意说，相信李老师也愿意在以后的活动中给你更多表现的机会，静静倾听你的表达。

你可以再听听其他小伙伴们怎么说，也许他们的想法会让你学到更多本领哦。

（2）创设情境

你可以在"小舞台""故事会"等活动中倾听小朋友们讲故事。

（3）家园配合

你可以在家里跟爸爸妈妈一起玩听说游戏，如"传话""你说我做"等。

分享了"学习故事"后，李老师有很多感想："给我的触动挺大的，我一直拿辰辰没有办法。每次学本领时我就特别生气，都不想理他。但看到故事里的他，我又觉得他是有能力的学习者。我需要转变观念，换个视角去看孩子。"

"学习故事"就是对孩子的另一种评价，我们要做会观察孩子的教师。在活动中，我们有观察就会有思考，如辰辰的抢话是不是与我们的教学简单有关？我们的提问是否不够开放？

通过对"学习故事"的学习，我们不能简单地看到行为的表象，而应剖析行为背后的原因。让我们在学习中拓展思路、积累经验，为教学反思做好准备。

（上海市宝山区小精灵幼儿园　胡蓉花）

向下扎根，向上生长

2018年，我有幸被评为第四期上海市普教系统名校长名师培训工程"种子计划"人选，随即我便非常荣幸地成为了宝山区学前教育研究团队中的一员，跟随周金玉老师以及区骨干教师们一同围绕"学习故事"展开研究。回忆这段研修历程，感到忙碌，觉得艰难，但更多的是精神的充实。在跟着骨干教师们学习的过程中，我就像一颗种子，努力汲取水分、阳光，等待着破土而出。

第一次与"学习故事"的相遇，是在一个阳光正好的下午。和往常一样，我拿出纸笔，静静等待讲座的开始。"学习故事"对我来说是陌生的，我觉得可能又是一个枯燥的理论。然而周金玉老师的一句话改变了我的看法，"通常我们喜欢补短板，但是为何不能扬优势呢？"讲座结束后，"相信每一个孩子都是有能力、有自信的学习者、沟通者"这句话一直在脑中回荡。从一场关于"学习故事"的讲座开始，我重新审视自己的工作状态。

我要用这样的方式重新认识我的孩子们！但相遇是美好的，相处却是困难的。我开始尝试给班里的孩子撰写"学习故事"，问题也接踵而来。"幼儿活动中，我要从哪些方面观察孩子？""看的时候还是忍不住找问题，怎么办？"就在我不知所措时，我收到了周老师的赠书《另一种评价：学习故事》和《用专业的心，让观察更有温度——幼儿园"学习故事"的本土化实践研究》。书中一个制作小花的案例让我豁然开朗。孩子的学习是一个过程，作为观察者，要去发现孩子在学习过程中所表现出来的品质。小女孩一次次失败后，再一次次尝试，在此过程中，老师给予女孩充分尝试的机会。最终，女孩不断吸取失败的经验，通过自己的努力获得成功。

对此，我认为：想要读懂孩子，应从相信开始。观察者要转变思想，给予孩子足够的时间和空间。

正如每一片叶子都是不同的，每个儿童都是独一无二的个体，他们有自己的特点，有自己的长处。

——瑞吉欧

怀着好奇与期待，我在淞南实验幼儿园开始了第一次现场实践活动。在观察中，我暗自庆幸自己观察的幼儿是班级中的"学科带头人"。他在集体教学活动中非常活跃，有多次和老师互动的机会，而且能有条不紊地回答老师的问题，简直是完美的观察对象。然而，在分享环节，他因为没有按照老师的要求进行模式排列，成了老师眼中错误的范例。由于活动时间的限制，他也没有得到更多表述的机会。此时，我也产生疑问：明明他都会的，怎么就错了呢？于是，在活动结束后，我与他展开了交流。

我：你能和我说说你是怎么排的吗？

男孩一边指着操作卡，一边阐述他的排列方式。

我：可是你这个没有规律啊？

男孩不说话了，看着自己的操作卡，过了会儿说道："老师说要不一样啊。"

此时，我总算明白了，男孩不是不懂，他将自己想到的几组模式都放在一张操作卡上，所以就变成了我们眼中没有规律的模式。

这个男孩懂了吗？答案是肯定的。他懂，只是活动中老师的要求和孩子的理解出现偏差。反问自己，我真的懂孩子吗？我们常常会通过孩子的表面行为去评价孩子，看到他做的事情和老师心理预期相近时会肯定；出现偏差，就会阻止，甚少反思他们为什么会这么做，以及那些所谓的"出格"行为产生的原因。

这让我明白，了解孩子先要尊重孩子，"学习故事"不只是记录，更是帮助我们跨越和孩子之间的障碍。这一次的研修后，我真正开始产生转变。曾经，我在集体教学活动中，总是绞尽脑汁去思考，如何实现活动目标，让活动吸引孩子的注意。如今，相比结果，孩子是如何学习的？他在学习过程中表现出了哪些学习品质？是否有益于他的长远发展？而孩子又需要我什么样的支持呢？这些问题更值得我关注。我想我应该解放思想，真正理解"尊重每个孩子的个体差异"。

在传统儿童理念中，总喜欢用定式的东西去形容和评价孩子。谁循规蹈矩谁就是好？谁的数学多考了一分？谁的单词都写出来了？而他们身上的闪光点，却被人无情地忽视和遗忘了。

——瑞吉欧

"小雨奶奶，我想和你聊聊宝贝最近的情况。"

"老师，我还要赶回家烧饭，一家子都等着我呢。"

"小雨妈妈，有空时我们聊聊宝贝的现状哦。"

"不好意思,老师,我最近要准备考试,实在抽不出身,我们知道小雨顽皮,你管他吧,我们没有意见的。"

……

当我要找小雨的家长聊聊时,这样的场景总是发生。小雨家长对于家园沟通并不重视。因此,我思考有什么方法能顺利和家长沟通呢。小海螺幼儿园家长的"学习故事"给了我启发,我开始给小雨妈妈发送小雨在各个活动环节中的"学习故事",一起分享小雨的精彩时刻。

【案例一】

今天游戏时间,你没有加入小组,一个人在教室中穿梭着。"谁要来看病啊?"小朋友的声音吸引了你。你立马走了过去,躺在床上,小医生转头跟我说:"不行,小雨没有病例卡。"于是,你去材料区找了纸画了一个小人和一串数字,再次回到小医院……

今天你和小朋友一起游戏了,有进步哦。小医生说你不能看病时,你自己想办法制作了一张"病历卡"。令人高兴的是,你没有在遇到问题时发脾气,而是动脑筋自己解决问题。

【案例二】

今天轮到第六组做值日生,但是班里的小伙伴质疑你能否做到,你捏紧了小拳头说:"今天我会很乖的。"后来,你做卫生员,负责卫生间的工作。集体活动后、生活时间,我都听到你提醒小朋友水开小一些,上厕所要排队……

小雨,今天你顺利完成了值日生工作,而且真像你说的那样,很乖。老师惊奇地发现原来班级公约中的事情你都知道。

"教学的艺术不在于传授本领,而在于激励、唤醒和鼓舞。"我尝试换一个角度观察孩子也欣喜地发现了孩子的另一面。小雨逐渐融入了大集体;家长也不再逃避老师,愿意和老师进行沟通和配合。"学习故事"打破了老师与家长之间的隔阂,拉近了家园距离。

"学习故事"的研修还在继续,在行动中思考,在学习中提升,在反思中前行,在成长中收获。"学习故事"不但让我学会发现孩子,也让我发现了自己成长的潜力。

三年前,我如同种子找到了沃土,有导师温暖的呵护,有团队文化的浸润,还有集体智慧的沐浴,向下扎根,向上生长,静待破土沐霞光。

以周金玉导师良言勉励自己，勤奋不设时限，伟大不因天赋，探索不问终点，成功不走捷径，开创不畏艰巨，感恩相遇。

（上海市宝山区小鸽子幼稚园　沈珺）

遇见故事，预见成长

2017 年，我在学校的推荐下参加了周老师的"学习故事"研修团队，这是我第一次与"学习故事"不期而遇。每一次与"学习故事"的遇见都让我眼前一亮，令我受益匪浅。我想，"学习故事"给我带来的意义是非凡的，它能帮助我树立正确的儿童观和教育观，帮助我成长，也帮助我更加了解幼儿的内心世界。

一、从"走近"到"走进"

加入团队之前，我曾听说过"学习故事"，它在新西兰幼儿园中被广泛应用，是一种叙事性评价方式，记录幼儿成长的轨迹和旅程，帮助教师更好地观察、分析、回应幼儿行为。但是"学习故事"到底是什么？为什么要写"学习故事"？"学习故事"是什么样的评价体系？它与我撰写过的幼儿观察记录、游戏案例、个案追踪又有什么区别呢？

带着这些疑问，我加入了周老师团队，跟着团队一起梳理观察工具。"学习故事"是一套能够帮助幼儿建构作为学习者的自我认知的学习评价体系，它传递的是正向的、积极的评价方式。"学习故事"对幼儿学习评价的切入点从"找不足、找差距"转变为"发现优点、发现能做的和发现感兴趣的"。理念上的转变使我不断修正和清晰自己的儿童观和教育观。我也越来越相信，幼儿是积极的、主动的学习者和沟通者。

二、从"被动"到"主动"

每一次团队研修时，我们上午看现场、写故事，下午交流分享与导师点评。一环接一环的头脑风暴，让我倍感压力。作为一名子团队的成员，我要在如此短的时间内完成一篇"学习故事"，只能跟着团队一起行动。

但在一次研修活动中，我转变了被动的学习方式。这一天，中班的男孩睿睿在室内和同伴玩轮胎游戏。一开始，睿睿用轮胎玩出了多种玩法，有滚、钻、跳、跨等。当时我觉得一个中班的孩子能玩出这么多的花样已经很了不起。令我惊讶的是，睿睿看见材料仓库里的瓶子，还想到了玩保龄球的游戏。睿睿利用塑料斜坡搭建了保龄球滑道，还邀请同伴和他一起玩。他不断通过变化瓶子数量、摆放形式，调整斜坡高度，拉大滑道距离等方式提高游戏难度，多次遇到困难都没放弃。我被睿睿的学习过程深深吸引了。经团队沟通，大家都认为我选择的这个观察点十分有意义。于是，我的第一篇"学习故事"就这样诞生了！睿睿听了自己的故事后很开心，对我说："老师，你的眼睛可真亮。"这样质朴的一句话又打动了我。我鼓励睿睿用我的建议再去试试打保龄球的游戏，睿睿爽快地答应了。

撰写"学习故事"改变了我对幼儿的看法，引导我发现幼儿的与众不同，也让我离幼儿的内心世界更近一些。从此，我会不由自主地想去观察更多的幼儿，写他们的"学习故事"。惊奇的是，幼儿在听了我写的"学习故事"后，也在积极改变，不断主动建构新知识，产生新的学习。幼儿在勇闯斜坡的时候能想到用助跑的方式爬上斜坡；在玩一个大大球的时候能想办法把大球抛到对面去；在开的商店没有生意时，能探索各种招揽客人的方法。

正是因为有了幼儿不断积极主动的学习，我才能更好地捕捉幼儿的学习生长点和兴趣点，推进幼儿进一步的深度学习。在研修"学习故事"的路上，我与幼儿共同成长，从原先被动跟着团队写，到现在主动写，主动探究。我完成了我的"蜕变"，幼儿也是如此。

三、从"例行"到"笃行"

三年的团队研修中，我已经能将团队所学运用到自己日常的教育教学中，撰写"学习故事"，为幼儿记录下他的魔法时刻并给予支持与回应。一篇篇的"学习故事"记录在册，但这只是"例行"。

在写故事的过程中，为了让幼儿产生持续的学习与成长，应对幼儿进行连续的、跟踪式的观察，并不断地给予支持或回应。

班上的小糖果生性胆小，不爱说话，经常一个人玩建构游戏。她能够按照图片进行搭建，还有很多创意的想法，如：给小动物们搭一个家、开城堡舞会、搭自助餐厅等。但是，由于小糖果的手部肌肉力量不够，拼插的积木总是因为太松而散开,经常无法完成她心中所规划的作品。我很想为小糖果做些什么,让她的各种创意得以实现。我将自己第一次观察后写的"学习故事"分享给了小糖果和她的家长,小糖果非常喜欢我写给她的故事,家长也表示,从未注意到孩子有这么多创意想法,愿意积极配合老师,利用家里的日常材料锻炼孩子的手部肌肉。第二次的游戏中,我明显看到小糖果拼搭的作品比之前牢固了,分享交流时也更大胆自信了。第三次,在小糖果父母的积极配合下,内向的小糖果在游戏中会主动邀请同伴和她一起玩。多次故事分享后,小糖果越来越开朗,能在游戏中主动和同伴交流,协商分工,不断产生许多新奇的想法。

我想,细心观察、科学分析、有效回应,可以让每一个幼儿获得成长。看到小糖果的改变后,我还给班上的幼儿建立了成长档案袋,希望通过这种连续性的观察,拉近我们与家长之间的距离,促进幼儿更好地成长。

通过"学习故事",我看到了自己的成长,从"走近"到"走进",从"被动"到"主动",从"例行"到"笃行",理念的转变,态度的转变,质量的转变,教与学都被记录下来。好的"学习故事"不但可以探究幼儿的学习,同样也能自查本身的教学,促进自我的改变。

我还想给故事加点温度,让故事更有画面感,让分析不那么刻板,让回应能推进幼儿的深度学习。

感恩与"学习故事"的美丽相遇,感谢一路上的成长与收获!

(上海市宝山区月浦四村幼儿园　王曹君)

想飞的雏鸟

羽翼丰满的雏鸟,会走到巢穴边缘扑棱翅膀,亲鸟在旁边助阵,轻轻一推,雏鸟便会在空中展翅。这样,强壮的幼鸟第一次就能成功学会飞翔。我便是"学习故事"研究团队中的一只雏鸟,在"学习故事"本土研究的舞台上,我要展示自己飞翔的技能。但我始终不能忘记,那引我飞翔的力量。

2013年,我参加区科研员周金玉老师领衔的市级课题"关键教学事件现场研析模式与经验教师蜕变式发展的研究"。在周金玉老师的带领下,我不断提高自己的专业能力,从一个评课还略显生涩的新手教师慢慢蜕变成能自信沉着的成熟教师,同行间的切磋与名师下的打磨,让我脱胎换骨。周老师的点评有如醍醐灌顶,让我不断反思自己与专业的距离,也让我欣喜地看到团队的进步、自己的成长。一次次的交流,一次次的发言,一次次的修炼,成长的喜悦爬上心头。

2017 年至今,作为一名区级骨干教师,我积极参与区首席教研员周金玉老师领衔的市级课题的深化研究,带领园级层面骨干教师团队开展"基于'学习故事'的幼儿观察评价的行动研究"。

一、雏鸟展翅

"学习故事"逐渐成为幼儿教师口中的热门话题,越来越多的幼儿园和老师们加入到撰写"学习故事"的行列。我们团队尝试着撰写过多名幼儿连续性的"学习故事",所以在本土化的研究道路上,我们是先行者。单位的老师刚接触"学习故事"时,不知如何下笔,困难重重,我就把团队自主研发的一套导引单交给她们,手把手讲解使用方法。通过一次次骨干教师讲座,我将一些阶段性心得总结提炼给她们,让她们学习并应用在以观察为基础的儿童发展评价上。

二、雏鸟学飞

2020 年 10 月 13 日,我们开展了教师视角向幼儿视角转变的现场研讨,梳理了如何在转变过程中进行持续性观察的关键点。教师通过以发展的眼光看待幼儿,了解其现有状况,思考其发展速度、特点和倾向性,分析其影响因素,形成针对性的支持与帮助。教师要更多地了解幼儿的发展脉络和发展特点,更多地关注幼儿纵向的发展过程。周老师指出,教师的成长一定要扎根于实践,通过自我努力、团队的力量和亮相的平台,完成自我的蜕变,从教师视角到儿童视角,构成一种连续的、有意义的研究。

感恩导师周金玉老师多年来的悉心带教与指导,让我收获满满。对我来说,最大的收获是学会了坚持不懈地走研究之路,找到了如何做研究、做好研究的方法,也能带着园内的一批青年教师积极进取、勇于实践,向研究型教师靠拢。

雏鸟终有一天会长大,沉着而坚强地展翅飞翔。尽管羽毛还没丰满,也该勇敢地飞向深邃的天空,快乐地迎接灿烂的太阳!

(上海市宝山区刘行中心幼儿园　刘芸芸)

后　记

　　"学习故事"是一种全新的评价体系,源于新西兰,近年来受到国际早期教育界的广泛重视。2017年,上海市宝山区新一届幼教骨干团队成立,我率领教师们开启了"基于'学习故事'的幼儿观察评价研修行动",大家对这项研究热情高涨。但是14位团队核心成员,对于什么是"学习故事",如何研究,意义何在,如何基于"学习故事"开展幼儿观察评价实践等问题感到茫然与困惑。面对教师们的困惑,我们以专题讲座"幼儿'学习故事'——基于观察评价的教育支持"作为团队研修的第一课。随后,教师们又开始照着书单阅读。学习品读,这是研究所需,问题解决所需,也是骨干团队建设的重要任务。做好研究,项目领衔人需要把握方向,专业引领。

　　梯度带教是促进不同层面教师系统发展的有力手段。因此,我们的研究团队建构了自己的"团队建设和研修模式"。学科带头人作为团队的中坚力量,扎根实践,借助研究的力量,实现从外力推动转向内力生成。"从同伴示范走向专业引领",是团队中5位学科带头人从点状反思走向深度思考,从实践反思走向文本表达后的成果,大家在同伴互动中相互学习、相互启发。开展教师研修共同体建设,需要激活团队成员的思想与活力,在智慧积淀中实现个体教育理念的深化,群体实践行为的优化。

　　团队建设不是人员的简单叠加,而是能量的聚集,责任的担当。因此,做好一项研究,带好一支队伍需要做好五个"一"。一是定一个目标:做一件大家都认为有意义、有价值的事。二是做一个架构:系统规划,有序推进,明晰3—5年内团队的共同愿景。三是建一种默契:激活个体的能量,让个体接受任务,拥有平台,参与历练,发挥能量。四是守一种涵养:培育教师的工匠精神,在"做——实践与探索,坐——学习与交流,作——笔耕与思考"中成为智慧教师,实现强力生长。五是存一份追求：任何环境下做好一件事，让自己保持优秀，成长永远比成功重要，一切成功都是优秀的副产品。

基于"学习故事"的幼儿观察评价研修，推动教师们"扎根现场，追随幼儿；聚焦观察，捕捉信息；细心聆听，走近童心；客观记录，循证分析；实践跟进，反思修正；更新观念，优化行为"。这样的研修方式，考验教师的探究力，激活教师的思辨力，唤醒深层能量，积淀实践智慧。

在这里，我要特别感谢宝山区教育系统人才培养工程，为区域骨干教师的成长提供了空间、机会和平台，让"基于'学习故事'的幼儿观察评价研修行动"得以顺利开展，让来自区域内不同幼儿园的教师们能共同参与研修，让教师们获得专业引领和历练，用研究的方式深耕实践解决问题，提升专业能力。

感谢宝山区教育工作党委实施"宝山区教育系统首期卓越教师培养计划"，感谢宝山区教育学院领导的重视与关注，让我们每一位卓越教师班成员能倾听前沿理论，获得系统研究技术，得到理论导师和实践导师的全面指导，在教育理论和实践上获得新突破与新思考。

感谢华东师范大学教育学部的领导和老师们，为我们提供优质学习资源和学习平台，开展研究诊断，实施专业辅导，组织答辩考核等，以高校的国际视野、气度格局和学术规范，带领我们从专业走向精业。

尤其要感谢我的导师——华东师范大学教育学部黄瑾教授，她灵动的学术思维、孜孜不倦的学术精神、深厚的教育哲学思想深深影响着我。我曾写下这样一段话："有幸与华师大黄瑾教授师徒结对，成为她门下弟子，如沐春风，幸福不已。一直敬佩黄瑾教授的治学态度、专业高度和学术造诣。此次导师见面会，我与教授相视而坐，近距离接触，黄教授就个人发展的规划、研究方向的定位等一一给予指导，使我倍感亲切，受益匪浅。"今天的研究成果，深深受益于黄教授精准严谨的指导。

感谢团队中的每一位老师，感谢我们这群人的美好相遇！身为教师，我们平凡但不平庸，我们携手用实际行动做研究，把解决问题的方法呈现出来，在解决问题的过程中提升专业能力，发展专业素养。我们一起在"学做晒用"的研修历程中启智，参与—充权—赋能—成长，努力成为更好的自己。

同时，也感谢所有关心和帮助我的领导、专家和老师，感谢你们给予的热情关注和支持，让我对教育实践研究充满信心和力量。

此外，还要感谢我的家人，他们给予我极大的鼓励与温暖朴素的帮助，做我忠实的倾听者。不论困难还是喜悦，他们都一直陪伴我。

最后，感谢上海教育出版社的王爱军老师和时莉老师，对于我们取得的成果予以肯定与支持，给予出版。她们给了我与更广大的幼儿园园长、教师分享研修成果的机会和平台。在专著出版过程中，她们对我的指导与帮助是一笔无价财富，将激励我不忘初心、继续前行！

期望本研究成果能为学前教育工作者的实践提供帮助，能为教师教育和优秀教师的培养提供案例启示。当然，研究难免有遗漏，表达难免有不足，敬请各位批评指正。

2022 年 8 月

参 考 文 献

［1］ Janice J. Beaty.幼儿发展的观察与评价[M].郑福明,费广洪,译.北京：高等教育出版社,2011.

［2］ 玛格丽特·卡尔.另一种评价：学习故事[M].周欣,周念丽,左志宏,等,译.北京：教育科学出版社,2016.

［3］ 玛格丽特·卡尔,温迪·李.学习故事与早期教育：建构学习者的形象[M].周菁,译.北京：教育科学出版社,2015.

［4］ 约翰·杜威.民主主义与教育[M].王承绪,译.北京：人民教育出版社,2001.

［5］ 亚里士多德.尼各马可伦理学[M].廖申白,译.北京：商务印书馆,2003.

［6］ 余琳,付国庆.新西兰的学习故事与幼儿园课程建设的新思路[J].教育科学论坛,2015(12).

［7］ 杨雄.学习故事：在"哇时刻"寻找幼儿成长曲线——专访中国学前教育研究会"贯彻《指南》,学习故事研习"项目专家组组长周菁[J].今日教育,2015(11).

［8］ 黄萍.浅析幼儿观察与评价的有效融合[J].基础教育研究,2015(14).

［9］ 陈少熙.以"学习故事"为载体,促进教师观察评价幼儿能力的提升[J].课程教育研究,2015(12).

［10］ 文欣.学习故事理念下教师观察指导幼儿学习的结构化分析探索——读《另一种评价：学习故事》有感[J].江苏幼儿教育,2017(3).

［11］ 彭世华,路奇.幼儿园确立幼儿学习与发展"合理期望"的基本方法[J].学前教育研究,2013(12).

［12］ 马利民.教师进行幼儿行为观察与分析的意义、方法[J].教育观察,2020,

9(16).

[13]　何婷婷.新西兰"学习故事"及其在中国本土化的反思[J].教育与教学研究,2018,32(1).

[14]　钟启泉."实践性知识"问答录[J].全球教育展望,2004(4).

[15]　熊伟荣.教师实践经验的价值及有效萃取[J].教学与管理,2018(12).

[16]　张明丹.为促进学习而评价：建构学习者形象[J].教育观察,2019,8(12).

[17]　曾艳.学习故事：从新西兰到重庆——重庆研究团队探索[J].今日教育,2015(11).

[18]　周欣,黄瑾,华爱华,等.学前儿童数学学习的观察和评价——学习故事评价方法的应用[J].幼儿教育,2012(6).

[19]　李洪玉.幼儿教师观察记录运用研究[J].南昌教育学院学报,2017(4).

[20]　冯姗."学习故事"——教师的正能量加油站[J].科教文汇,2015(12).

[21]　荣幸."实践"视域下的教学支持系统分类及其特性[J].贵州师范学院学报,2018,34(10).

[22]　许颖.学习故事的运用研究综述及其启示[J].福建教育,2015(7).

[23]　王翠萍,黄进.学习故事：新西兰儿童发展评价优势及其启示[J].教育导刊,2016(9).

[24]　朱自梅.浅议幼儿游戏行为的观察评价[J].教育实践与研究,2015(25).

[25]　秦旭芳,王源滔.让教室里的评价"活跃"起来——浅谈幼儿教师观察与记录的选择策略[J].天津师范大学学报,2016,17(3).

[26]　吴亚英.幼儿教师观察能力现状调查及问题分析——基于江苏省常州市的调查[J].中国教育学刊,2014(2).

[27]　朱美玲,蔡迎旗.基于观察的表现性评价在幼儿评价中的应用[J].早期教育,2015(7).

[28]　周菁.相信儿童　聚焦学习——有魔力的"学习故事"[J].早期教育,2015(7).

[29]　余璐,刘云艳.评估促进儿童学习何以可能——学习故事的回顾与省思[J].比较教育研究,2017(11).

[30]　郗竹,孟庆男.教师实践智慧的研究综述[J].教育观察,2015,4(24).

[31]　杨柳.试论教师实践智慧与教师专业发展[J].现代教育科学,2016(3).

［32］　封常秀.浅析幼儿教师实践智慧的生成［J］.教育导刊,2012(12).

［33］　王恩惠,蔡培菊.试论教师实践智慧的养成［J］.教育科学论坛,2009(9).

［34］　路奇.新西兰"学习故事"经验对我国幼儿园贯彻《指南》的启示［J］.学前教育研究,2016(9).

［35］　侯佳敏,高振宇.教师实践智慧:内涵、构成与培养［J］.教育科学论坛,2018(3).

［36］　田海平."实践智慧"与智慧的实践［J］.中国社会科学,2018(3).

［37］　张亚妮.基于"学习故事"提升幼儿园教师实践智慧的个案研究［J］.陕西学前师范学院学报,2017,33(8).

［38］　周念丽.观察分析六步法:区角游戏支持的核心策略——"聚光镜"项目的创意和实施意义探析［J］.学前教育,2018(3).

图书在版编目（CIP）数据

发现不一样的学习者：基于"学习故事"的幼儿行
为观察与评价 / 周金玉著. — 上海：上海教育出版社，
2023.5
ISBN 978-7-5720-2031-5

Ⅰ.①发… Ⅱ.①周… Ⅲ.①幼儿 - 行为分析 Ⅳ.①
B844.12

中国国家版本馆CIP数据核字(2023)第089997号

策　　划　时　莉

责任编辑　钱　吉

美术编辑　赖玟伊

发现不一样的学习者：基于"学习故事"的幼儿行为观察与评价
周金玉　著

出版发行	上海教育出版社有限公司
官　　网	www.seph.com.cn
地　　址	上海市闵行区号景路159弄C座
邮　　编	201101
印　　刷	启东市人民印刷有限公司
开　　本	700×1000　1/16　印张 13
字　　数	210 千字
版　　次	2023年5月第1版
印　　次	2023年5月第1次印刷
书　　号	ISBN 978-7-5720-2031-5/G·1823
定　　价	88.00 元

如发现质量问题，读者可向本社调换　电话：021-64373213